少年趣味科学丛书

詹以勤 主编
柳德宝 著

QIMIAO DE KUNCHONG

广西科学技术出版社

图书在版编目（CIP）数据

奇妙的昆虫 / 柳德宝著. — 2 版. — 南宁：广西科学技术出版社，2012.6（2020.6 重印）
（少年趣味科学丛书）
ISBN 978-7-80565-675-5

Ⅰ. ①奇… Ⅱ. ①柳… Ⅲ. ①昆虫—少年读物 Ⅳ. ① Q96-49

中国版本图书馆 CIP 数据核字（2012）第 137985 号

少年趣味科学丛书
奇妙的昆虫
柳德宝　著

责任编辑　梁珂珂　　**封面设计**　叁壹明道
责任校对　陈业槐　　**责任印制**　韦文印

出 版 人　卢培钊
出版发行　广西科学技术出版社
（南宁市东葛路 66 号　邮政编码 530023）
印　　刷　永清县晔盛亚胶印有限公司
（永清县工业区大良村西部　邮政编码 065600）
开　　本　700mm × 950mm　1/16
印　　张　10
字　　数　129 千字
版次印次　2020 年 6 月第 2 版第 7 次
书　　号　ISBN 978-7-80565-675-5
定　　价　19.80 元

少年科学文库

代序　致二十一世纪的主人

钱三强

时代的航船已进入21世纪。世纪之交，对我们中华民族的前途命运，是个关键的历史时期。现在10岁左右的少年儿童，到那时就是驾驭航船的主人，他们肩负着特殊的历史使命。为此，我们现在的成年人都应多为他们着想，为把他们造就成21世纪的优秀人才多尽一份心，多出一份力。人才成长，除了主观因素外，客观上也需要各种物质的和精神的条件，其中，能否源源不断地为他们提供优质图书，对于少年儿童，在某种意义上说，是一个关键性条件。经验告诉人们，一本好书往往可以造就一个人，而一本坏书则可以毁掉一个人。我几乎天天盼着出版界利用社会主义的出版阵地，为我们21世纪的主人多出好书。广西科学技术出版社在这方面作出了令人欣喜的贡献。他们特邀我国科普创作界的一批著名科普作家，编辑出版了大型系列化自然科学普及读物——《少年科学文库》（以下简称《文库》）。《文库》分“科学知识”“科技发展史”和“科学文艺”三大类，约计100种。《文库》除反映基础学科的知识，还深入浅出地全面介绍当今世界最新的科学技术成就，充分体现了90年代科技发展的前沿水平。现在科普读物已有不少，而《文库》这批读物特别有魅力，主要表现在观点新、题材新、角度新和手法新，内容丰富、覆盖面广、插图精美、形式活泼、语言流畅、通俗易懂，富于科学性、可读性、趣味性。因此，说《文库》是开启科技知识宝库的钥匙，缔造21世纪人才的摇篮，并不夸张。《文库》将成为中国少年朋友增长知识、发展智慧、促进成才的亲密朋友。

亲爱的少年朋友们，当你们走上工作岗位的时候，呈现在你们面前的将是一个繁花似锦、具有高度文明的时代，也是科学技术高度发达的崭新时代。现代科学技术发展速度之快、规模之大、对人类社会的生产和生活产生影响之深，都是过去无法比拟的。我们的少年朋友，要想胜任驾驭时代的航船，就必须从现在起努力学习科学，增长知识，扩大眼界，认识社会和自然发展的客观规律，为建设有中国特色的社会主义而艰苦奋斗。

我真诚地相信，在这方面，《文库》将会为你们提供十分有益的帮助。同时我衷心地希望，你们一定要为当好21世纪的主人，知难而进、锲而不舍，从书本、从实践吸取现代科学知识的营养，使自己的视野更开阔、思想更活跃、思路更敏捷，更加聪明能干，将来成长为杰出的人才，为中华民族的科学技术走在世界的前列，为中国迈入世界科技先进强国之林而奋斗。

亲爱的少年朋友们，祝愿你们在奔向 21 世纪的航程中充满闪光的成功之标。

这本书告诉我们什么

你也许想不到吧：一只蜻蜓不仅能在5800米的高空中飞翔，还能在欧洲、亚洲、南北美洲之间往返飞行，“航线”遍及全世界；一对蚱蜢一年要产近20万个卵，一只母白蚁能生300万只小白蚁，一对蚜虫代代相传，一年之内便可以将整个地球密密地盖满一层；有的昆虫只有针尖那么大，可它有齐全的感受器官，而且还是“千里眼”、“顺风耳”，头上的触角就像天线和雷达一样灵敏……千奇百怪、琳琅满目的昆虫王国，是动物中的一个大家族，超100万种之多，几乎占了动物种类的2/3。它们名目繁多而庞杂，有着无穷的奥秘，使人眼花缭乱。其中诸如蚕、蜜蜂、螳螂等昆虫，还为人类的幸福作出了奇特的贡献。

广阔无垠的大自然，处处都有昆虫在飞翔、跳跃、游动，只要我们细心观察，勤于思索，就能学到许多有趣的科学知识并获得启迪。这本书将在你对昆虫王国进行观察和思考时，提供一些有趣的知识。

这本书告诉我们什么

目　录

你知道昆虫吗?

什么是昆虫?昆虫的特征是什么?

不要以为在地上爬的,有脚的都是昆虫。昆虫应具备的基本特征是:成虫都有六只脚,两对翅膀以及身体是由头、胸和腹三部分组成的。而且脚和身体都分三节,属于节肢动物,比如蝴蝶、蜻蜓等。

除昆虫以外的动物,如虾、螃蟹、蜘蛛、蜈蚣等虽然也会爬,都有脚,也属节肢动物类,但它们的脚很多,都超过了六只脚,因此不能算在昆虫家族之中。

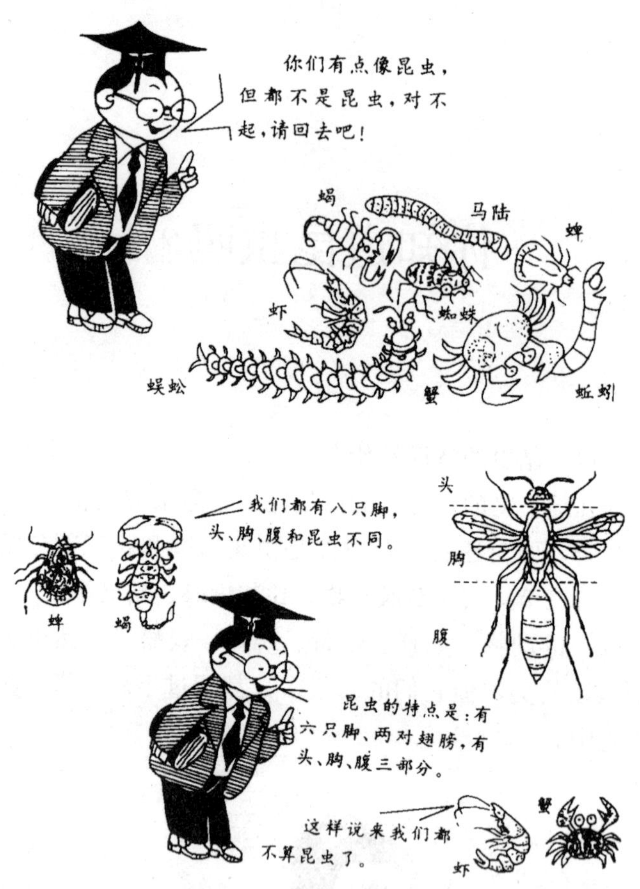

地球上处处有昆虫

昆虫的足迹遍布地球的各个角落，从热带到地球两极，从平原到高山，从地下、地面到空中，从河流到海洋，几乎在所有环境中，乃至石油中昆虫都能生存。

水蝇能够在高达60℃的温泉中生活，在地球两极－30℃的地区还生存着20多种昆虫。石油池里的曲蝇能安然无恙地生活，盐蝇能够在盐水中栖息，有的甲虫居然能够适应各种有毒的刺激物质。

昆虫的身体虽小，食量却不小，大多数昆虫以植物为食。据统计，地球上的植物约有 30 万种，而以植物为食的昆虫约有 48 万种，几乎没有一种植物能免受昆虫的危害。蝗虫、金龟子、菜粉蝶、蝼蛄、蚜虫、果蝇等，对许多种农作物和果树有害。也有肉食性昆虫，如螳螂、蜻蜓、澳洲瓢虫、红蝽象等喜食介壳虫、蚜虫、小虫等，它们都是益虫。再有靠吸血为生的昆虫，如雌蚊虫、臭虫、跳蚤、牛虻等，是传播疾病的害虫。还有一类杂食性昆虫，如苍蝇、蠹虫等，它们吃动物的尸体、鸟羽、兽皮、尿粪等。衣鱼、白蚁等昆虫甚至吃毛料衣服、书籍和建筑物。由于昆虫的食性很广，这也使它们具有很强的适应能力，因而繁衍不息。

从热带到地球两极，从平原到高山，处处都有昆虫居住的地方。水中、陆地、空中、动植物体上，连在石油中昆虫都能生存。

昆虫在动物界里的地位

从昆虫的化石中发现，昆虫的历史至少已经有3.5亿年，至今繁殖着的昆虫超过100万种，是动物界中数量最多的家族，属节肢动物门昆虫纲，占了动物种类的2/3。我国古书已把“昆”字解释为“众多”的意思。

专家们又把多种相近的昆虫分类，以区别虫种的形态和性能，其中身上披着甲壳的鞘翅目昆虫数量最多，它们中危害树木的天牛就有几千种。接下来就数鳞翅目了，它们中又分为蝶、蛾两大类。蚕宝宝的成虫蚕蛾就是蛾类，当然，许多蛾子是害虫。艳丽多姿的蝴蝶属于蝶亚目，我国就有1300多种，人们赞美它们是空中飘飞的花瓣。再以下就是膜翅目、双翅目等33个目。

昆虫的数量之多难以统计。据估计，它相当于人类的总重量的 10 倍以上。蝗虫成灾时，飞在空中，太阳都被遮住了，重量加起来有几万吨呢！一个蚂蚁群就有几十万只小小的蚂蚁，近年以蚂蚁为药疗昆虫，全国销售的蚂蚁就有几万吨哩！据推算，一对家蝇，一年之间，它俩的子子孙孙所生的后代，约有1.2亿只。近十年，人们饲养蝇蛆（幼虫）作为禽畜饲料，发展副业经济。在美国就有无菌蝇蛆工厂，数以万吨的出口蛆粉，成了国际上倍受关注的新型生物饲料。

昆虫是动物界数量最多的家族，属节肢动物门昆虫纲，占动物种类的2/3。

会飞的“鲜花”

蝴蝶要算昆虫世界中的“华丽”家族了。它那五颜六色的翅膀，闪烁着艳丽的光彩，飞舞在空间，给人一种美不胜收的高雅享受，所以诗人比喻蝴蝶是“会飞的鲜花”。

因为蝴蝶美，所以被昆虫爱好者观察、研究、记载较多。在纷繁的记载中，介绍它的美与恶、奇与丑的事例，都是令人饶有兴趣的。

蝴蝶的种类，初略统计有 1 万多种，在我国有 1300 多种。有的品种数量多，从世界屋脊到东海之滨，从大兴安岭到天涯海角，随处可见。但有的品种却难以寻觅了，收藏的更是少见。

蝴蝶有许多科、属、种，其中美丽的凤蝶是一个大科。有一种叫做金黄裳凤蝶，它的翅膀左右展开达 150 多毫米，据说是目前大陆上最大的蝴蝶。

另一种叫三尾凤蝶，更是凤蝶中的“骄子”，全世界仅有 4 个品种，其中有 2 种出自中国。它们不仅稀有、美丽、多姿，而且价值昂贵，外国收藏家用黄金购买，可见它们的身价了。

有一种雌雄同体的蝴蝶，十分罕见，千万只中很难找到一只，它们半雄半雌，或者一半为雄、一半雌雄混杂。这种雌雄环蝶飞舞时，闪耀着青蓝色的光环。它们的双翅薄似锡纸，好像一碰就会破碎似的。

世界上仅有的 3 只伊萨贝尔细纹凤蝶，棕黑色的翅膀中有 4 排绿色的小斑块，非常美丽。这 3 只分别保存在法国、日本、英国，至今再也

没有采集到了。

另一种有名的金斑喙凤蝶，美称“蝴蝶仙子”，它是我国著名的蝶类专家李传隆给起的。全斑喙凤蝶在世界上只有中国有，可称为中国的独生子了，属稀世之宝。在它那杨叶大小的躯体上，遍布着翠绿色的鳞粉，闪耀着幽幽绿光，同它那乌亮的翅脉交织相映，特别是后翅中央镶嵌着一对蚕豆瓣似的金色大斑，更是光彩夺目。

确实，蝴蝶的翅膀与其说是飞行工具，不如说是精美的艺术品，这种艺术的美来自翅膀上的鳞片。这些鳞片形状各异，有针型、鹅毛型、种子型、菱型、扇型……千姿百态。而鳞片是由特异的色素细胞组成的，它们因色素和对光线的反射各不相同，排列在一起，就呈现出五彩缤纷的颜色了。

蝴蝶外貌虽美，却遮盖不了它本质的丑恶。原来蝴蝶在幼虫阶段都

是大害虫，它们中有的是橘园的凶贼，有的是蔬菜的大敌。

比如美丽的凤蝶，其幼虫就是柑橘园里的克星，一条凤蝶幼虫从小长到大，可以吃掉 100 多片嫩叶。据记载，公元 1104 年，一支庞大的蝶群飞到意大利大片橘园的上空，遮住了太阳，引起橘农的惊奇和恐慌。不久，这种凤蝶纷纷在此产卵，孵出了无数幼虫，于是幼虫将大片橘叶啃光。橘树没有了叶子，难以开花结果，秃枝一片，橘园衰败下去，使橘农无法生活。在 1508 年的一个炎热的夏天，有一大群菜白蝶从法国上空，纷纷降落下来，就像下了一场暴雪。不久这里的菜园因菜白蝶的幼

虫大量出世而遭殃。如今，橘农和菜农，还有花农，仍对蝴蝶抱有戒心，生怕它们大量繁殖幼虫会伤害自己的劳动成果，于是他们借助现代农药，大力消灭蝴蝶幼虫。

可是，人类一方面在消灭蝴蝶幼虫，另一方面却在大量饲养和繁殖蝴蝶。原来，多姿多彩的蝴蝶现在已成为一种日益繁荣的国际贸易中的宠儿，全世界每年成交贸易达一亿美元以上。在巴布亚新几内亚、巴西、印度尼西亚、马达加斯加以及我国的台湾，都有专门从事蝴蝶贸易的机构。在巴布亚新几内亚，有规模宏大的蝴蝶饲养场，是个占地几公顷的大花园，农民们在花园里种了许多能吸引蝴蝶的植物，让各处的蝴蝶飞到这儿来产卵。当卵孵化后，又保护幼虫在植物上生长。农民把蝶蛹收集起来，使它羽化成蝴蝶，经加工后，便成了富有的收藏家的藏品和家庭装饰品。

台湾也是世界著名的蝴蝶中心，那里不仅是蝴蝶生长、繁殖的好地方，还设有专门的工厂，几万名工人每年把大约5亿只蝴蝶制作成各种精美的工艺品出售，可获得上千万美元的收益呢！

水里的表演家

各种昆虫的本领不尽相同，有的能在天上飞，有的会在地上爬，有的善于在水里游。

跳水上“芭蕾舞”的滑水虫

当你在池塘溪边散步时，你会发现一种以水为家的昆虫，俗名叫滑水虫，学名叫黾蝽。它的身体狭长，腿脚纤细，在平静的水面上不仅能纵横驰骋，急速滑行，而且还能跳水上“芭蕾舞”，体态轻盈，“舞姿”别致，令人惊叹不已。

滑水虫身长不过5毫米多些，在它的腿上和身上都长有肉眼看不见的绒状细毛，细毛里聚积着空气，能防湿，就是偶然下沉，也会漂浮起来。在它的两对长足的节间膜上，有一个感振器，感振器上有不沾水的刚毛，刚毛上有无数的感觉细胞，能探测3米远处像人脸那么大的水面微波，在0.2秒的瞬间，便能探知微波的变化，从而判断出有无猎物或危险。有些生活在水面下的小生物，透过水来吸气时振起的微波，也会被滑水虫察觉，它就迅速滑过去，猎取小生物，美餐一顿。

对于水面上的各种圆心波，滑水虫都能鉴别出属于哪种信号。即使完全在黑暗中，它也能对取食、求偶、障碍等各种信号作出反应。

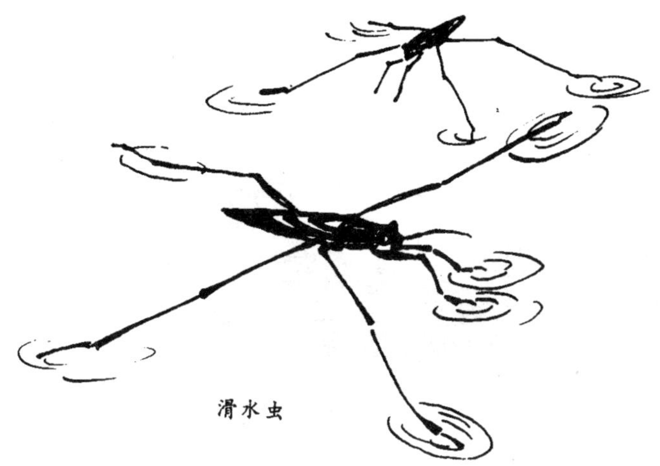

滑水虫

科学家记录了滑水虫对求偶的有趣反应。雄虫的脚会发出有节律的圆心波，频率从高到低向雌虫“传情送信”；雌虫被雄虫发出的波引入“情网”，于是一边划向雄虫，一边也发出类似的振动频率表示欢迎。雌虫投向雄虫的怀抱后，相互双双伸出纤细的长足紧拉不放，好像一对“情人”挽臂而行，这时已到了“婚配”高潮。

交配后不久，雌虫便要产卵“分娩”了，雄虫紧挨在它身边守卫着。倘若另一只雄虫向它们接近，当保卫的“丈夫”立即剧烈振动圆心波表示“敌意”，驱赶敌手，以保护雌虫安全“分娩”。

蜻蜓的童年时代

人们对蜻蜓并不陌生，尤其它那空中轻盈的飞翔表演令人赞叹。但对它童年时的模样和生活习性，知道的人就不多了。其实蜻蜓的前半生是生活在水里的。

蜻蜓幼年生活在河、塘的水中，小名叫水虿，和成年蜻蜓的长相完全两样，没有翅膀，也没有尾巴，身体扁而宽。它最喜爱吃的食物是孑

孓和小水藻，偶而也捕获小蝌蚪和鱼苗。它的嘴下唇仿如一只手伸屈自如，猎物经过它面前时，便能迅速而准确地伸出那些“手”，逮住它们放入嘴里。食后张开“手”还能揩抹嘴巴哩！手不用时又能弯过来掩盖着脸部，成了“面罩”。

水蚕和其他生长在水里的昆虫一样，也要呼吸空气，它的一套吸氧办法很奇特，完全不像陆地上的动物通过鼻子呼吸，也不像鱼的呼吸靠头部两旁的鳃，而是通过长在直肠内的鳃来吸收氧气，这种鳃叫做直肠鳃。水和空气经过水蚕的“屁股”，到了直肠鳃，水中的氧气就被吸收溶解，供给体内需要，然后将废水往后喷出。它利用喷射的反作用力，身体便能很快向前推进，一举两得。

水蚕就是这样在水里生活 2 年到 5 年。在这段漫长的岁月中，身体要经过十多次蜕皮不断长大，最后爬出水面蜕掉童年“衣裳”，飞向天空，变成了蜻蜓。

“水蜘蛛”的呼吸

“水蜘蛛”的祖先原来住在陆地上，属昆虫纲中的仰泳蝽，不知什么时候，它们携妻带儿，搬到水里传宗接代，与河里的“水蜘蛛”成了邻居好友。由于它们都在水中生活，时间长了，人们便把它们误认为一体，把仰泳蝽归到了“水蜘蛛”类群中，就俗称“水蜘蛛”了。仰泳蝽学会了潜水员的一切技能，并且练出了一套在水里呼吸的特异功能。在南美洲的亚马孙河一带，生活着这种“水蜘蛛”，生趣盎然，令生态学家赞叹不已。

“水蜘蛛”的身上披着细柔的防水绒毛，绒毛能吸附许多异常小的气泡，气泡里含有蜘蛛所需要的氧气，气泡密密层层地包住了“水蜘蛛”，把“水蜘蛛”装扮成了一个水银球，闪闪的光彩晶莹迷人。“水蜘蛛”在水生植物之间拉丝结网，不过它的网不像在陆上的蜘蛛那样是平展的，而是为了储存气泡的需要，编织成钟罩形状，成了它们的水下“住房”。“水蜘蛛”带着气泡，可以无忧无虑地躺在“住房”里，雌性“水蜘蛛”还在里面喂养儿女呢！附在身上和留在“住房”里的气泡，能缓缓地供应“水蜘蛛”一家所需的氧气，如果气泡中的含氧量减少了，水中的氧就会补充进去。有时因用氧量太多、太快，水中的氧气来不及溶解储蓄到气泡里去，“水蜘蛛”全家会带着气泡升浮到水面充气储氧，同时捕捉水藻等小生物，满载而归回到住所，过着安居乐业的水下生活。

这些水生昆虫长久生活在水里，依靠身上的特殊器官呼吸。一旦离开了水，它们长在皮肤上、肠子里的“鼻子”和“肺”的器官组织就会互相粘连，很快枯干，血液循环和空气也随之停止，最后因呼吸功能障碍而窒息闷死。

能吃能饿的昆虫

在大千世界中，昆虫虽然很小，但食量很大，占动物$\frac{2}{3}$的昆虫每年几乎要糟蹋世界粮食收获量的20%。

从虫子的耗食说起……

昆虫如此耗食，固然与其繁殖既快又多有关，同时又因为它具备独特的消化功能。科学家统计，一条松毛虫幼虫一生要消化760根松针。北美洲有一种波里法摩斯的小蝴蝶，它消耗的食品更是惊人。它出生后最初的48个小时中所吃下的食物相当于它出生时体重的86000倍。4只埋葬虫用50天的时间，可以埋葬2只鼹鼠、4只青蛙、3只小鸟、1条鱼的内脏。它的卵在里面孵化成50多条幼虫。幼虫在半个月内不断吃食尸体，长大起来，变成甲虫，再到地面找尸体，能力可大哩。摩洛哥蝗虫的食量平均超过其体重的20倍。1927年，我国山东省的蝗灾，吃掉的禾本科粮食，可供720万农民生活一年，农民因此四处逃荒，流离失所。一只蝗虫重不过二三克，成千上万只蝗虫组成的蝗群，加起来就有万吨重。雌蚊每吸一次血就要超过自身体重的几倍，雌臭虫在一次吸血后其体重比原来增加二倍以上……据统计地球上的植物约有30万种，而以植物为食的昆虫约有 48 万种，几乎没有一种植物能免受昆虫的危害。

消化酶的功能

昆虫有如此发达的消化功能，与它的生理机能分不开的。因为生物体本身在新陈代谢过程中，有无数酶类在发挥着催化、调节、控制等化学作用，它像机器中的润滑油，没有它，机器零件会发热、停转，甚至烧毁。据科学家估计，一个细胞中可能存在着将近 3000 种酶，每一种酶都有一定的工作对象，它们各守其职，又不能互相代替，其中有帮助昆虫消化的各种消化酶，如淀粉酶、脂肪酶、蛋白酶……

头发、羊毛、皮屑……什么都吃

虫子有了如此强大的消化酶后，就会肆无忌惮地向大自然展开各种“夺粮战”和“叮人战”。它能将参天大树蛀食精光，又能细细品尝各种粉尘微末，有些昆虫能以头发、羊毛、鳞片、皮屑，甚至坚硬的皮为食。它们所到之处，犹如洪水猛兽，大嚼特嚼。

蚊子、臭虫、跳蚤等吸血昆虫为何嗜血成性？据测知，在它们的唾液中含有一种溶血酶，能将人体的红血球分解、消化、吸收。科学家为了实验需要，人工饲养蚊子，就把小白鼠放在有蚊子的笼内供蚊子吸血。几只小白鼠身上的血液在几小时内即被蚊子吸光，胸腹干瘪而死。天牛幼虫和白蚁，在树木和大型家具中不断啃食木质纤维，并能顺利地消化这些纤维素，这是因为它们体内的纤维素酶在不断地工作，不消几年功夫，它们能把木质家具蛀食成粉末状。

饥而不死

虫子既能嗜食，又能耐饥，而且饥而不死。如臭虫饱餐一顿后，即可一年藏而不出。蛀食毛料衣服的皮囊幼虫，能挨饿五年而不食不死。这是因为昆虫有一种代谢作用，它在饥饿状态下能将体内的脂肪、蛋白质、淀粉分解成热量和水分，以维持其一定时期的生命需要。如饥饿了一年的臭虫，饿得胸背相贴，整个身体成了一层躯壳，待到温度、湿度适宜时，又能大口大口地吸血繁殖了。昆虫就是利用身体内所有的化学“魔力”，在大自然中既能食，又能饿，不断地繁衍着后代。

别致的“居室”

昆虫在科学家看来，是出色的“住房设计师和建筑家”，它们建筑的巢、穴、坑、道奇模怪样，别有一番情趣，有许多是称得上美观、实用的“大厦”和“别墅”哩！

精巧的蜂房

很久以来，人们都赞赏蜜蜂的建筑艺术，可是在蜂类的大家族里，蜜蜂算不上是唯一的建筑名师。

在美洲有3000多少蜂。其中2000多种是独居蜂。它们在幽静的旷野上，建筑起一座座像“别墅”、似“篷帐”的蜂房，小巧玲珑，精致实用。

在这些独居蜂中，有一种别名叫涂泥蜂的小胡蜂，它的居室非常考究，一排排整齐的泥管纵横交错，雌蜂居住在里面，独来独往，雄蜂只是来作客光顾一下就飞走了。雌蜂生儿育女，但孩子长大后，又都分散去筑穴，成为新的独居蜂。雌蜂住在自己讲究的居室里，很少与外界联系，独守空房。

另一种独居蜂，被人们称为陶工蜂，因为它筑屋在树枝的杈间，人们抬头粗看，那用泥土制造的蜂房，犹如一只只陶瓷罐。如涂上油彩，真像精致的陶制艺术品呢！

胡蜂与蜜蜂的蜂房，是用自己分泌的黏合剂加上木屑、纸片、叶片和泥水做成的，十分精巧。它们在里面井井有条地安排生活，所以人们称它们是纸工匠、泥水匠。其匠心之高，是生物界中少有的。如果将各种蜂的建筑采集在一起，足以办一个别致的展览会，人们将能从中获得无数的启示。

白蚁的高楼大厦

如果说独居蜂建造了一幢幢精巧的村落别墅，那么白蚁却在非洲营造大批的高楼大厦。

在热带非洲的原野和山岗上，你可以看到一望无际的高过人头的白蚁土丘林立在你的面前。白蚁在土丘的外表很普遍，而内部的结构，经解剖观看，却是结构严密，地上地下交通井然，楼梯通达每一层，蚁房、库房排列得密如蛛网，就像是建筑大师精心设计的。

这种白蚁，是昆虫王国里有名的高层建筑家，它们修建的窝往往高达10米，有五六个人那么高。有的白蚁土丘，坚固得就像是钢筋混凝土构筑的，用斧头砍也砍不动。

独特的蚂蚁居室

蚂蚁在建造巢穴时有它的独特本领，尤其是一种名叫艾科菲拉的热带蚂蚁，它们在营造蚁房时，幼虫不但成了工具，而且会从自己身体中排泄出有黏性的蚁丝，用做建筑材料。蚂蚁妈妈衔着幼虫，用力挤压幼虫腹部，促使它们排泄出有黏性的蚁丝。一些蚂蚁嘴里咬着一张叶片，又用前足勾住另一张叶片，像缝衣似的，用黏的蚁丝把叶片串黏在一起，就这样不断地黏合，使无数细小的碎叶片缝黏成了一只葡萄般的绿球，这就成了它们的蚁巢。它们工作程序严格，分工明确，行动迅速。有一位专门研究南亚热带蚂蚁的学者，在印度和斯里兰卡考察艾科菲拉玛蚁的生活情景时，找到了蚁窝，他将一只只绿色球体切开，密密麻麻的蚂蚁散落了出来。可是不一会，大群的蚂蚁好像得到了呼救的信号，立即从远处的绿球中爬来，众多的蚂蚁不约而同地在叶子上不住地啃咬，发出窸窸窣窣的声音，它们排列有序，维修被损坏的窝壁。

地老虎的土穴

有一些昆虫的居室建筑在地下，尤其是它们的幼虫，往往在地下开挖一个小坑，周围墙壁各有特色，有的从自己的身体里分泌出黏液，有的吐出丝来作巢，在里面过着安逸的生活。每当饥饿要用餐时，就爬出地面，偷食鲜嫩的庄稼，祸害人类。

穴居在地下的害虫，要算地老虎最臭名昭著了。这类害虫遍布全世界，已知的有 2200 种，在中国有 292 种。地老虎的幼虫非常厉害，它的几对腹足上生有 15～25 个带有钩的趾，地上的植物被钩住后，便拉入土中取食。它对农作物的幼苗最为嗜好，更可恨的是它将幼苗的心叶咬成针孔状，最后把植物的茎株咬断。每当地老虎成灾时，成百上千亩的农作物嫩苗一夜之间便被糟蹋光。

在地下筑穴的害虫除了地老虎外，还有蝼蛄、蛴螬、金针虫等，它们对植物的危害极大。为了防治这种害虫，农民翻土犁地，以破坏他们的巢穴，还在作物下种前，先用农药拌种，让地下害虫不敢光顾。

魔术绝技——隐身法

以假乱真，互惠互助，巧取豪夺，这是各种昆虫在自然界里求得生存的高超手段。

隐身与拟态

超过100万种的小小昆虫，得以在充满竞争的大自然中生存和发展，是因为它会一套变幻莫测的魔术——隐身技能。昆虫这种高超的隐身技能，科学家称为拟态。

拟态，是英国自然科学家贝氏（Batesian inimicry）和德国动物学家穆氏（Mullerian mimicry）提出来的。18世纪，两位科学家到巴西亚马孙河流域远征考察中发现，部分无毒昆虫会模拟各种形态，装扮成有毒、有害或不好吃的种类，使鸟类或别的动物不敢贸然捕捉，它们就在敌人犹豫之时快速逃之夭夭。两位科学家把类似这样的昆虫，除种名外再加上拟态的称号，从此拟态昆虫普遍受到重视。

昆虫的拟态，基本上分为恐吓和伪装两种。比如瓢虫、甲虫、蝴蝶等属于恐吓拟态，而竹节虫、枯叶蝶被称为伪装拟态。

恐吓拟态昆虫的形象，常常使其他动物惊恐并感到奇怪。比如它能装扮成一种类似恐吓的眼睛，称为眼形斑点，平时藏而不露，折合或掩盖

在体表里，一旦受到强敌袭击，就突然展示出来，那醒目的眼斑，仿佛凶兽的双眼，虎视眈眈，令人生畏。当敌人惊吓之余犹豫不决时，昆虫就安然无恙地逃之夭夭。

昆虫学家进行了广泛的研究，证明那些没有眼斑的蛾类受到惊扰时，只能靠伪装保护自己，甚至受到触动时也静伏不动佯装是根树枝；而有眼斑的蛾类受到碰触时，就伸展它那饰有眼形斑点的双翅吓退敌人。当昆虫学家把蝴蝶和蛾子翅膀上有眼形斑点的鳞膜抹去时，鸟类就毫不迟疑地向蝶蛾发动袭击。

那些伪装拟态的昆虫在遇到敌人时，往往伪装成树枝、树皮、叶子或荆棘形状，使敌人茫然若失，无法分辨。有一种树枝毛虫，它的幼虫身体光滑纤细，在外表颜色、组织细节上都和它们所吃的桦树枝一样。它们匍匐在树枝上，脚和树枝“结合”得非常恰当，攀接的地方既看不出痕迹，也没有阴影，使猪食者以为不能入口便掠眼而过。还有一种飞蛾，它的保护色很像一张枯叶，鸟儿飞到它的跟前也视若无睹。松天蛾幼虫更是奇妙，它的背部从头到尾是淡绿色和深绿色条纹，粗看就像那棵松树的松针，殊不知它正在若无其事地大嚼松针。这种伪装拟态的昆虫，依仗它们的“隐身”魔术，不仅欢快地品尝”美味佳肴”，而且能舒舒服服地睡上一个“午觉”，有的甚至一睡就是大半天哩。

隐身的奥秘

小小的昆虫，为什么这么聪明，有隐身的本领？原来这是它们在进化过程中长期自然选择的结果。

生物学家为了研究生物在自然环境中的各种生存表现，建立了一门新兴学科，叫生态学。他们作了长期的观察，从欧洲一种大灰蛾的生存选择中发现了其中的奥秘。这种蛾在乡间是淡色型，在工业区是灰色型，经分类鉴定其实都是同一种。科学家从反复观察中找到了它们颜色不同的原因：工业区大气污染严重，所有物体包括树干树叶都被浓烟熏得灰黑灰黑，在这种境况下，淡色的大灰蛾停在树上一目了然，常遭鸟类的捕食，于是在工业区越来越少，而灰色型的蛾由于隐蔽良好，有一个适应环境的遗传基础，所以，它们的子子孙孙安然地存活下来了。

那么，昆虫千变万化的保护色又是怎样来的呢？科学家经过研究指出，这是由一种化学色和物理色以及它们生理上的内分泌混合而成的。

昆虫的化学色和物理色，使它的体表能够吸收一部分波长的光线而反射另外一部分波长的光线，使照射的光线发生曲折、波纹、反射，从而在体表呈现红、黄、蓝等五光十色。例如蝴蝶和蛾类的翅膀上，覆盖着密密麻麻的鳞片，鳞片集中在一起像瓦片一样重叠起来，以每平方毫米 200～600 片的密度盖满翅膀表面；鳞片上面有纵向或斜行的脊纹，多的达一千几百条，少的也有几十条，凹凸精巧，按规则叠合，当光线照在这些鳞片上面，就像是照在各种棱形的玻璃上，透射出五彩缤纷的艳丽线条。所以蝴蝶的颜色就显得丰富多彩，也起着护色隐身的作用。

昆虫学家把昆虫隐身绝技，作为一门科学来研究，用来对昆虫进行分类鉴别，寻求防治有害昆虫的途径。而许多艺术家则借鉴各种昆虫的天然“隐身”色彩，设计出各种漂亮的图案，美化人类的生活。

有四千万年历史的跳蚤

跳蚤属昆虫纲蚤目。从化石证实，它在四千万年前就生活在地球上了。据说，跳蚤的祖先还长有翅膀呢！现在的跳蚤，粗略统计就有2000多种，几乎遍布世界各地。我国目前已发现410种。尽管它们种类繁多，但它们的生活史与生态环境都有一致的地方。《本草纲目拾遗》中记载："蚤因湿土而生，夏时土干亦不甚患。"这说明跳蚤的成虫喜欢温暖阴湿，25℃左右是它们生长发育的最佳温度。跳蚤中有一种叫人蚤，除寄生在人体外，又能寄生于猫、狗、兔和多种鼠类身上。人蚤喜欢躲在脏衣服里面，而皮毛、草垫、地板缝隙等处也是它们的隐蔽之地。

雌跳蚤产的卵很小，乳白色或淡黄色，表面光滑，体长仅半毫米左右。寄生在鼠、猫、狗身上的蚤卵，能随着寄主的走动而散落在地面上，经过10天左右便孵化成幼虫，肉眼不易看到。跳蚤的幼虫，头上有一对极其灵敏的触角，像雷达天线那样，一旦发现目标便迅速爬去。不过，它不吸血，而是靠吃人身上的皮屑、成虫的粪便等生长发育。幼虫经过化蛹，半月后便发育为成虫。成虫一对后足的肌肉发达，善于跳跃，被誉为"跳高健将"。成虫既耐寒又耐热。经常吸血的人蚤可存活513天左右，即使不吸血，也可存活125天左右。寄生在老鼠身上的跳蚤，一般可活345天，带菌的病蚤一般也可活95～106天，即使长年累月没人居住的房屋，仍有人蚤存活。据说，俄罗斯有一种跳蚤，吸饱了鲜血以后，在适宜的温度或湿度下，不食不动，可活1487天，称得上是"老寿星”了。

跳蚤以吸血为生，是名符其实的“吸血鬼”。它们专门寄生在温血动物身上，猫、狗、兔、鸟、鼠等温血动物是它们很好的“栖息地”。跳蚤的种类不同，胃口也不一样，有的专吸哺乳动物的血，有的专吸鸟类的血，有的专吸人血，也有的对动物和人的血都感兴趣，有的还会将全身钻到动物皮肤里去吸血呢。如一种叫潜蚤的，它钻入寄生的皮肤后，就一直住在里面不停地吸血，直到老死为止。跳蚤叮人特别厉害，跳到人身上后，就利用既能凿又能锯的口器，很快钻入人的皮肤，将唾液注入到皮肤内（使血液不致凝结），然后吸血。吸进去的血液只有一半被消化，还有一半排出体外，散布在衣服等物体上。由于它不断地贪婪地叮人吮血，谁要是被跳蚤叮咬，皮肤上就会出现一连串的红块，奇痒难忍。

跳蚤是多种疾病的传播者。跳蚤寄生在老鼠身上，老鼠到处乱窜，它们也就到处传播鼠疫、斑感伤寒等200多种病菌。

历史上有名的鼠疫流行，是由跳蚤传播的。1347年欧洲的鼠疫，三年共夺去2500万人的生命。1665年仅英国伦敦就有10万人因鼠疫病而丧生。当时为了不使鼠疫蔓延，只得把流行地区死去的和感染此病尚未死去的人，连同整个村庄全部烧光。

抗日战争中，日本侵占我国东北期间，曾在哈尔滨市郊设立代号叫“731”细菌部队的工厂，专门培养杀人用的各种细菌，其媒介就是老鼠和跳蚤。这个工厂除繁殖大量老鼠外，还有4500个跳蚤饲养器，短时间内就能繁殖300千克，近10亿只跳蚤。“731”部队像恶魔一般凶残暴虐，前后使3000多名身体强壮的中国人活活地染病而死。

对付跳蚤，首先要控制蚤类孳生地。用1%的敌百虫溶液喷洒染有跳蚤的房间、衣物等效果很好。将鲜桃叶捣碎涂擦在猫、狗身上，待5分钟左右，就可以杀灭跳蚤。为了防止猫、狗中毒，可用旧布或旧报纸等包裹猫、狗的身体，只让头脚暴露在外。跳蚤杀灭后，脱去包裹之物，用清水洗净就行了。用鱼藤粉、除虫菊粉或1%敌百虫溶液涂擦，效果也不错。

跳蚤对芸香（中药店可以买到）很敏感，把芸香放在火盆里，将门窗关严，跳蚤闻到芸香的香气后，就成群结队往大盆里跳，不要多久，就可将跳蚤消灭。在跳蚤密集的地方，也可用干树叶、树枝、干草或其他易燃物，均匀铺在地上约 7～10 厘米厚，待一段时间后点火燃烧，等地上所铺的东西烧光，跳蚤也就被全部烧死。另外，将艾叶、走将藤等，晒干制成粉，撒于跳蚤的活动场所，也有灭蚤作用。

国外科学家发现，将人工合成的跳蚤保幼激素喷洒在跳蚤孳生地，跳蚤的生长就被限制在幼虫阶段，不能发育成蛹和成虫，从而达到杀灭跳蚤的目的。据试验，这种杀虫剂的药效能持续 70 多天。

古代的昆虫

大千世界在亿万年的变迁中，有着昆虫的许多故事，如果追溯到古代的昆虫，可以获得许多极为有趣的知识。

昆虫比人类的发展史更早、更悠久，甚至比古代动物的代表——恐龙的问世还要早呢！恐龙出现于2亿年前，灭绝于6500万年前，而人的祖先灵长类动物，出现在3000万至3500万年前。虽然考古学家尚未确定最原始的昆虫是什么样的，属什么时代的，但已能肯定在距今35000万年前，就有许多种昆虫生活在地球上。

亿万年前的“飞行家”—— 蜻蜓

从化石考证得知，早在3亿年以前，地球上最早出现的要首推昆虫了。考古学家从化石中统计，有35种昆虫在这以前就已扇动着翅膀嬉戏在天空。

蜻蜓是至今仍存在的最古老的昆虫之一，在35000万年以前就已出现了。那时的蜻蜓比现在我们看到的可要大得多，身体的长度且不说，就以展开左右的两张翅膀来看，它的宽度竟有75厘米多，超过了现有任何昆虫的宽度，在昆虫中可算是庞然大物。古代的蜻蜓遨翔在天空，可以和许多飞鸟比翼齐飞，那时的巨型食肉兽，只要能吃到几只蜻蜓就可

古蜻蜓

以充饥度日了。

据科学家从大量古化石中观察，蜻蜓的翅膀开始时并不大，行动也极其迟缓，所谓飞，不过是贴近地面的身体稍稍抖动一下两边的短翅。然而，生物在自然竞争中，劣者淘汰，适者生存。为了生存，蜻蜓在千百万年的演变中，优势渐趋完善，弱点逐渐克服。当时地球上已经出现各种茂盛的植物，为了能够在树与树之间飞跃，它们逐渐练就了滑翔的能力，翅膀在空中有了浮力，便逐渐发育成了能飞翔的翅膀。由于能够飞翔得很远，食物来源广而丰富、活动量大，进食多，蜻蜓的体型也随之逐步增大。

蟑螂，蟋蟀，蚱蜢……

随着蜻蜓的出现，蟑螂、蟋蟀、蚱蜢、蝉、甲虫等在25000万年前也随处可见，它们的体型都比现在的昆虫大而健壮。计算起来，它们的资历比人类的祖先——类人猿要早得多了。

从古代化石中我们可以看到，那时的大蟋蟀翅膀有15厘米长。由此推断，从它的发音器所发出的宏亮声音，远在 1.6 千米的地方都能听到。蟋蟀不仅善鸣，还是弹跳健将，可惜考古学家从古化石中无法考证出它的弹跳数据。

到了 13000 万年以前，随着开花植物在地球上的出现，那些能够为开花植物授粉的昆虫，如蝴蝶、蛾子、蜜蜂、蝇等已处处繁衍，它们在自然界里扮演着各种角色。

被誉为“大刀将军”威武堂堂的螳螂，在自然界可算是老前辈了，它曾和恐龙共同生活在一个时代里。在大自然漫长的变迁过程中，庞大的恐龙从地球上消失了，而幸运的螳螂却历尽了各种劫难，顽强地生活着，子子孙孙延续至今。如今螳螂的容貌长相，与千万年前化石中的螳螂十分相近。

多少年来，螳螂依仗它那两把所向无敌的大刀，能攻善战，无数昆虫和其他体积与它相当的动物，都是它的刀下败将。机灵的小鸟、敏捷的蜥蜴，甚至狡猾的地鼠也逃不过它的大刀砍杀而被撕食。螳螂力大惊人，能举起相当自身体重 20 倍的物体，这也是它能战胜强大来敌的缘故。

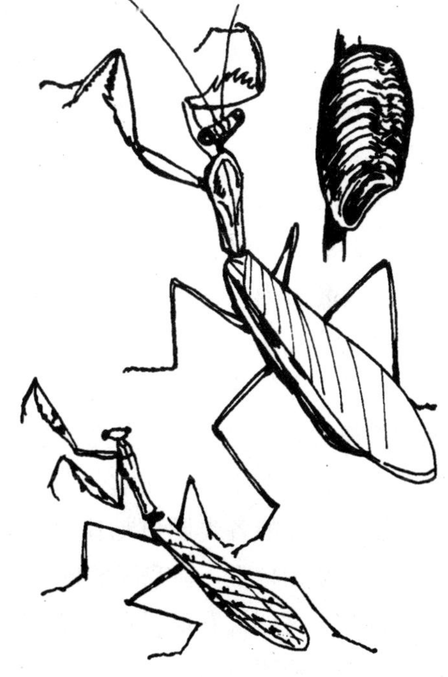

由于螳螂的威武，古希腊人对它十分敬仰以至把它神化了。他们赞颂螳螂是“智慧和力量的象征”，为它取名“先知者”。在古希腊人的眼里，螳螂高举两只合拢的前腿静立着，是在对上帝祈祷。由于感动了上帝，上帝恩赐它永生的本能，还给了它能与邪恶战斗的力量。在中国古代的石刻中，也记述了螳螂英勇善战、所向披靡的内容。

蚂蚁和苍蝇的遇难

在4000万年前，有一只凶悍的蚂蚁和一只野蛮的苍蝇在大树底下搏斗，正当双方斗得精疲力竭难分胜负的时刻，大树上那树皮裂缝处，突然有一大滴既浓又稠的松脂溶液滴下来，正好滴在这两只昆虫身上。松脂粘住了这两个对手，从此它们与外界完全隔绝，因为没有空气而窒息，像木乃伊似地被松脂包裹在里面。以后随着树木的枯萎倒坍，它们双双被掩埋在黑暗的地底下。后来被人发掘了出来，成了世界闻名的琥珀化石。

琥珀化石被称为美丽的“水晶棺材”，这是由于针叶树的树干上渗出的松脂在深层的地底上，经高温高压，在千万年后成了晶莹透明的琥珀。如果有昆虫在里面，便像镶嵌在一块水晶玻璃中的艺术品，闪烁着耀眼的光彩。

诸如此类的化石标本，世界各地已发掘出几十万件之多，包括甲虫、飞蝇、蚊子、蜻蜓、蜜蜂、蟑螂等，是古代昆虫的珍贵标本。在这些晶莹碧透的化石内，这些昆虫有的振翅欲飞，有的匍伏如睡，有的在格斗撕咬，情态真切，栩栩如生。

这种古老的琥珀昆虫化石，不仅被埋在深深的地下，有时在地中海、波罗的海的海滩边，旅游者们偶尔也可以拣到，引起旅游者极大的兴趣。这是由于在千万年前，在欧洲北部是一望无际的大片森林，针叶树渗出的松脂把过往的各类昆虫粘住了，天长日久，就渐渐变成了各种各样多彩多姿的琥珀化石。在我国的抚顺，早在2000多年前的汉代，劳动人民在挖掘煤田时，就发现了种类繁多的琥珀昆虫化石，还可用来做药物治病。一些精美琥珀深受人们的喜爱，视为高雅的装饰品，有的收藏至今，成了珍贵的古文物。

年年蝉鸣，岁岁蝉趣

蝉，俗称知了，是一类古老的昆虫，是地球上第四纪冰川后保存下来的一个物种。全世界有3000多种，我国也有200余种。

地下的“苦行僧”，地上的“短命”虫

这是研究蝉类的分类学家对蝉的生态下的定义。雌蝉交配后，用锯齿般的针状产卵器插入树枝产卵，致使枝条枯死，卵经两个星期左右孵化为幼虫，幼虫随着枯枝跌落地面，钻入泥土，穴居在树根深处，吸食根部的汁液，幼虫便在地底下过着漫长的“苦行僧”生活。我国所产的蝉，幼虫在地下生活多半是5年左右；印度、东南亚的蝉在地下最多九年，平时叙说的“十七年蝉”属极少数。在美洲还有一种蝉，在地下生活13～17年之久。幼虫在地下过了悠久的岁月，经过多次脱壳，才出土上树脱去最后一次硬壳，3～4小时后就振翅“歌鸣”了。可是，成虫寿命很短，一般只能活1周左右，长的能活3～4周。

幼虫为什么在地下能居住这么久呢？原来蝉的幼虫能分泌一种黏液，将周围泥土捣和成泥浆，经过身体向四周挤压，就形成了四壁光滑，既光又坚硬的“墙壁”，并在上下筑建了深达50厘米的隧道，幼虫就蹲在这个小地穴里苦度自己漫长的岁月。

蝉不但会鸣还善于听

科学家对蝉鸣作了系统的研究，人们以为雄蝉会鸣叫，雌蝉是个哑吧。其实，雌雄都不会“叫”。雄虫的叫声不是发自口器，而是雄蝉的后翅有个凸出的突器，称为鼓室。鼓室里有一椭圆形的鼓膜，鼓膜富有弹性，它会一凸一凹地产生“格格”的声音，随着不断的振动和开闭，方才形成“知了——知了——”的鸣声。

科学家经深入的研究发现，蝉不仅会鸣，还会听。在蝉的腹部外缘有个镜膜，镜膜上有一个突出的听器，听器内约有1500个听觉细胞当外界的声波振动听器时，听觉神经细胞便会产生兴奋和冲劝，它沿着神经传入听觉中枢，产生相应的听觉战。因为雌蝉的鸣声器不发达，不善鸣叫，动物界的叫声和表演姿态，首先是给异性产生“爱意”的感觉。雌蝉不会叫，它只能靠听了，所以它的听觉功能比雄蝉发达，它依仗自己的听觉，飞到雄蝉那边去“赴会”，雄蝉们为了取悦雌蝉，常常“大合唱”表示欢迎。

黑蚱蝉

寒蝉

蟪蛄

蝉的味道鲜美可口

一次偶然的机会，我顺道去江西庐山。庐山古树参天，蝉声噪鸣，那刚脱壳的知了，体色嫩黄，在夏至以后的日子里，树上趴着一串串的知了，每串有10多只呢。在蜕壳的季节，到了夜晚，用手电一照，树干上密密麻麻，到处排着长队向上缓缓地在蠕动着。当地老乡精于烹调佐膳知了。一天夜里逮满了两塑料袋蜕了壳的蝉，回返住地，经开水泡洗，然后盛于炒锅内和上一把细盐，一起文火翻炒起来，炒至焦黄，筛去细盐，稍凉，蘸着香油甜酱，其味脆香鲜口。

我开始有点怕，腻心作呕，在他赞不绝口有滋有味的嚼动下，我也硬了头皮，把一只放到嘴里，略略粗嚼后就咽下了，回味之下，的确没有反胃口的刺激，于是我接受了他馈赠的几只，慢慢地品味起来，接着自己动手，尝得不肯罢休了。他说，这家伙背上有二块“糟肉”尤其来劲，孩时常常当零食吃，油余后更成了大人们下酒的美味佳肴了。

蝉自古是美食，古人把蝉称为吉祥之虫，古代工艺品中可常见到蝉的形象造型，在殷商青铜器中就有蝉的形状。古代人把玉器雕成玉蝉，让死者含玉蝉而葬。据考古学家考证，一方面证明古代人是食蝉的；二是将蝉视作吉祥之物，死后可以从地下爬到地上来复生，这自然是迷信。但这至少证明，古人对昆虫有一系列的亲情感，也反映了古今相沿的民俗以及对昆虫可食可用的科学实践。

蝉的种类

在我国蝉的种类有200多种，但蝉的外形基本相似，唯大小及体色有区别，大体上常见的有三种：一种身体黑色乌亮，个子很大，数量也最多，它不仅可以食用还可以药用，发出“咋——咋——”的叫声，它的俗名叫黑蚱蝉；另一种身体绿色，中等个子，发出“叶斯它——叶斯它——”的叫声，这叫作寒蝉；还有一种灰色的小个子，发出“吱——吱——”的叫声，称作蟪（huì)蛄。这3种知了发出的叫声不同，是因为它们的发声器官大小不同，身体大的叫得响，身体小的就叫得比较轻。

越冬的能手

北风呼啸，天寒地冻，冬天来临了。大地上喧闹非凡的昆虫，一下子便寂然无声了，它们采用什么妙法抵御严寒侵袭呢?

千奇百怪的越冬方式

昆虫的越冬千奇百怪，因为种类不同，越冬的形态和方式也不同：玉米的害虫玉米螟和水稻的害虫二化螟，以老熟幼虫在玉米和稻茎的残枝中越冬；菜粉蝶以蛹在避风向阳的屋檐、篱笆下越冬；蝗虫以卵在土壤中越冬；棉铃虫以蛹在棉花、玉米、蕃茄等地下越冬。有的害虫躲在树干皮下，也有的钻进豆粒里或在粮仓、米桶内越冬。有的甲虫，钻入地下 60～70 厘米深处筑巢而居，过几个月的休眠生活。

翅膀上的聚热器

散飞在天空的“鲜花”——蝴蝶，它们五彩缤纷、花团锦簇，构成了一幅绮丽的图画。蝴蝶看来很柔弱、娇嫩，然而使人感到意外的是，它竟有抗御严寒的本领。珍珠蝶是一种日出性蝶类，一旦外界气温下降

了，它能利用翅膀的扇动使自己的体温保持在35℃上下。在万里无云的时候，珍珠蝶还能通过翅膀接收和积聚太阳光的热量。这是因为它的翅膀上披着无数毛茸茸的鳞片，它们宛如亿万面镜子，当这些镜子与太阳光垂直时，光的能量就被大量吸收，使身体变得暖和起来。如果这些镜面稍有偏转，接收热的程度就会差一些。所以珍珠蝶依靠变动翅膀的角度来调整受热面，以获得最多的热量。倘若体温过高了，它们就会变动翅膀的角度，使温度略有下降。你看，蝴蝶的翅膀多么像个自动控温的“聚热器”呀！

巧用树枝挡严寒

蓑蛾又叫皮虫，它的幼虫越冬方式很特别。为了对付鸟类和其他的天敌，它们用树叶织成奇特的长袋，躲在里面过冬。原来，在树叶的叶脉间有四通八达的导管，是树叶汲取水分和养料的通道。新鲜的树叶弹性强，皮虫是卷不动的。皮虫往往会先将叶面上的导管咬断，使叶子得不到水分和养料的供应而逐渐枯萎，弹性也渐渐减弱。这时，皮虫就一个劲地把枯叶的边缘往自己的身边拉，最后将叶子卷裹成一个长长的小袋，并在长袋内吐丝缠叶，构筑成像蚕茧那样的内壁。任务完成后，它就可以在长袋内安全过冬了。

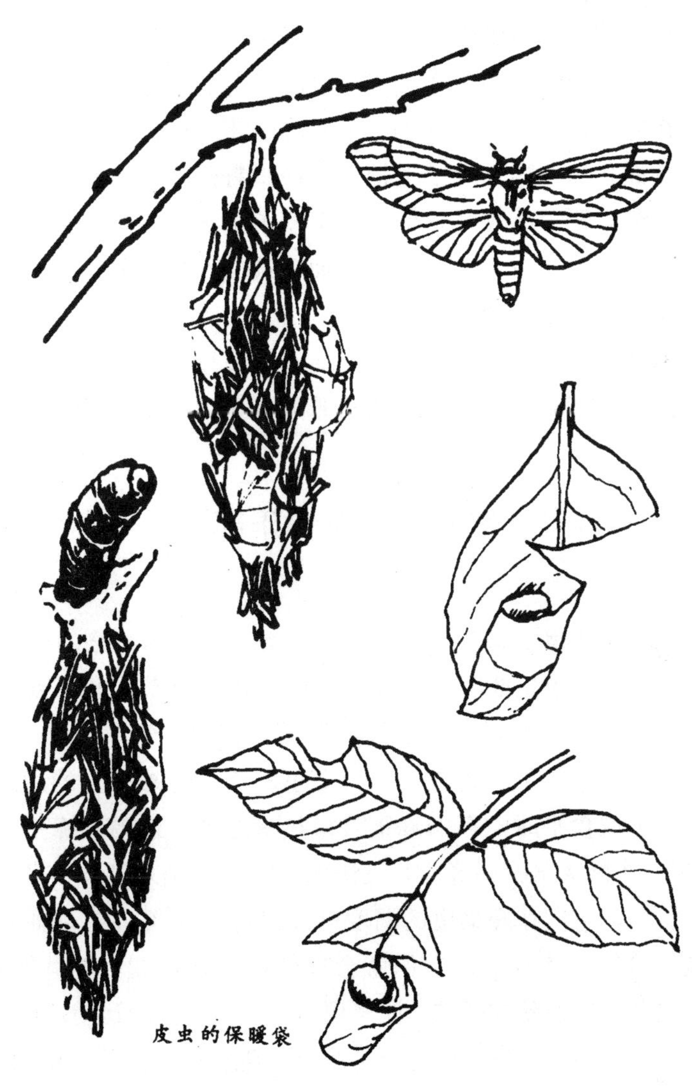

皮虫的保暖袋

切叶蜂的杰作

在深秋季节，人们往往可以看到有些植物的叶子被挖了一个个椭圆形的洞，这就是切叶蜂的杰作。切叶蜂的母蜂整个身躯像一只圆规，它把后脚停在叶子上当圆心，由身体在叶子上按圆周方向边转动边画圈，同时用两个锋利的大颚在叶子上挖一个西瓜籽般大小的椭圆形的洞。这些洞的大小和位置很有规律，就像一个模子里压出来的。最后切叶蜂把成叠的叶子运到地下或木头的空洞里面，筑成一排排蜂房。在这种由剪下来的叶子重叠而成的椭圆形“住宅”里，切叶蜂贮藏了花蜜和花粉，安安逸逸地产卵越冬。有人做了一番统计：每只切叶蜂在地下或木头的空洞里可以造 30 个蜂房，所需的椭圆形叶片至少要 1000 张。

蜜蜂“防冬俱乐部”

蜜蜂的“防冬俱乐部”，在适应严寒生活中是独具一格的。

蜜蜂的“防冬俱乐部”就在蜂巢之中。初冬时节，蜜蜂就渐渐不愿离开自己的暖房——蜂巢。到了深冬季节，蜜蜂便密集在蜂巢的中心，很少呆在靠近蜂巢外壁的地方，因为那里较冷，有被冻伤的危险。这时候，它们除了取食平时贮存的蜂蜜获得热量之外，还围着蜂王“抱成一团”，组成一个既大又密的蜂团，飞快地在蜂巢里爬来爬去，靠不停的运动取暖。这样，它们在蜂巢里的温度可以保持在 35℃左右。如果蜂团最外层的蜜蜂冷得受不住了，它们就会里外换一换位置，继续爬行不止。整个严寒季节，它们就这样在“防冬俱乐部”里不停地运动。

幼虫在蜂巢中又是怎样度过寒冬腊月的呢？工蜂像称职的保姆那样，每天给幼虫喂食 1300 多次。工蜂还在蜂巢中聚集在一起，形成一道防寒

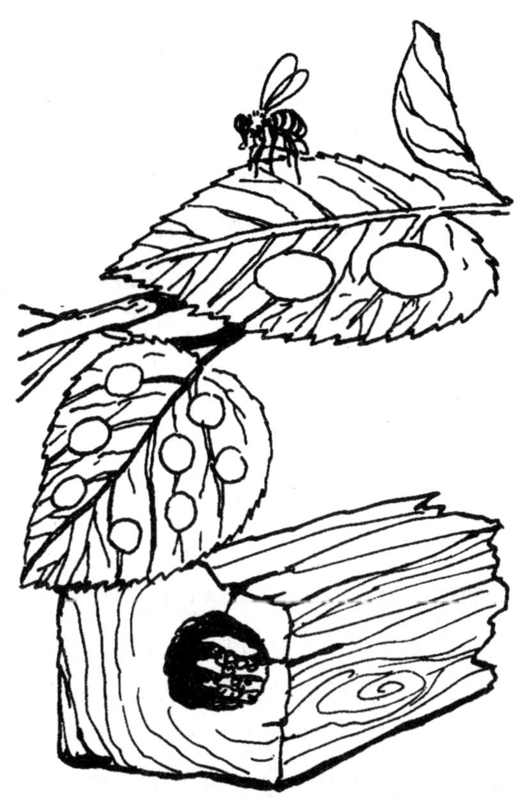

层，用自己的身体驱挡寒冷，使幼虫免受严寒的侵袭，温度保持在 35℃上下。

南极昆虫的法道

人们在千里冰封的极地，发现了 50 多种昆虫，其中包括英国探险队的科学家，在离南极极点只有 500 千米的地方发现的一种小昆虫。在气温低达－50℃的寒冷环境中，这种小昆虫是怎样生活的呢？

原来，极地生长有一些雪藻和真菌类植物，它们扎根在冰缝下的石缝里，在上面蜿蜒缠绕成浓密的丝簇，平贴在雪地上，沐浴在阳光中，不断放出热量。小昆虫就在其间拉丝缠网组成“小暖房”，饥饿时还能取食那些自投罗网的小生物。

居住在极地的昆虫，身体颜色都比较深，这样可以更好地吸收阳光，小昆虫也不例外。南极的夏天是没有黑夜的，一天 24 小时始终阳光普照。小昆虫和其他昆虫不放过极地夏季这个大好时机，把它们黑色的躯体对着太阳，尽情地吸收热量。待极地的夏天过去，小昆虫就开始冬眠了。

耐寒的秘密

研究昆虫抗冻的专家发现，在耐寒昆虫的“皮肤”里，有一种细胞能适应阳光和温度的变化，在寒冬时节它能吸收阳光而使全身变暖。

科学家们还发现，在耐寒昆虫的体内，含有一种特殊的甘油和乙醇，能降低体内的结冰点，从而使体内的水分在 0℃以下时还保持流动状态，科学家称之为防冻的血液。因此，昆虫可以度过漫长的寒冬而不致被冻死。

小虫遨游大自然

在大自然的景观中，昆虫有着千奇百怪的适应性，青草中的蚱蜢，浑身碧绿，尺蠖虫像树枝，飞行中的苍蝇和蜻蜓，对地面上的一切，齐收眼底。没有肺和鳃的昆虫，能畅游在水里。昆虫虽小，它们具有的本领确实引人瞩目，发人深思。

夜深鸡静，躲在鸡舍缝隙内的小小鸡虱，像在值“夜班”似的钻出来，爬向正在甜睡的温暖的鸡身，品尝美味的鸡血。待到东方欲晓，由于鸡要起身离舍，活动后体温升高，此时鸡虱预感到忍受不住升高的温度及鸡身走动、扑翅的磨擦震动，于是鸡虱又返回到缝隙中躲藏起来，等待着夜晚的来临。这说明鸡虱对温度的灵敏度极高，它对鸡身上挥发的热源特别敏感，它那头上的一对触须虽只有0.01厘米长，却能准确无误地测知到方向和温度的变化。

相传黄帝的妻子螺祖教民养蚕至今已有5000年了，然而养蚕的历史沿革至今不仅有家蚕，还有柞蚕、樟蚕、樗蚕和蓖麻蚕。它们都是昆虫，也都成了纺织丝绸的原料，而且家蚕早已传到了印度、日本等国，使这些国家成了著名的蚕业国。上述的樟蚕又叫天蚕，20世纪80年代以来倍受世界蚕业专家的关注。它的幼虫呈蓝色，蚕丝精致，可以用作精纺的丝绸，比原先的家蚕丝还要高级，还可用作外科手术的缝线、钓鱼丝、乐器上的乐弦和弓弦。尤其用蚕绵制绒，比羊毛和驼绒质量更上乘。日本人引种后正在研究大量饲养的课题，努力提高产量。我国科学家已开始将养蚕业从实验室走向工厂批量生产。

遍布世界树木上有一大类害虫，其中又有一批既是树木的害虫，又是对人类有益的益虫。介壳虫就是寄生在树木、果树上的害虫，但它们中的白蜡虫能分泌白蜡，白蜡可作布匹、约纸张、器皿磨光之用，可做药丸的外壳，还可用作绝缘的材料和科学模型。另一种叫紫胶虫，它们成千上百地密集寄生在大青树、菩提树、皂荚等200多种树木上。紫胶虫的雌虫，用口器插入嫩枝里吸取树木液汁后就分泌大量胶液，叫紫胶，紫胶有高度的黏着力，有优良的绝缘性能，用途非常广泛。还有一种个体微小的胭脂虫，虫干制成洋红可作染料、化妆、医药方面的原料。

许多生活在水里的昆虫，一般晴天总是活跃在水底下，但当它忽上忽下，长期浮在水面上时，这就预报将要下雨了。原来它们的呼吸器官与众不同，人和动物都有肺，鱼有鳃，而昆虫常常通过皮肤呼吸。它们的胃肠除担负消化功能外，还能与血管协同呼吸氧气。当天气变化，气压低，水中溶氧不足时，水里的昆虫就会不断地游上水面，使皮肤和肠子尽量露出水面帮助呼吸。

20世纪，不少科学家利用昆虫适应性强的优点，开创了仿生学。如模仿苍蝇、蜻蜓的眼力，在人造卫星中装配了高空摄像仪。又借鉴水里昆虫呼吸的原理，发明了多种潜水机器。而昆虫头上的触角，为研制军用和民用的多种天线提供了科学依据。

这些奇妙的适应现象，都与气候的变化、温度和湿度的影响有着密切的关系。19世纪伟大的生物学家达尔文，发表了生物环境是在矛盾和斗争中发展的进化学说。在漫长的岁月里，只有适应自然的生物才能生存和发展，加之人类对生物的人工选择和培育，因此，21世纪将会是生物变革的时期。

苍蝇的脸谱

说起苍蝇，人们虽然熟悉，却未必知道苍蝇还有许多种“面孔”，更不知道它们还有种种奇特和丑恶的本领。

丑恶的脸谱

我们平常见到的苍蝇，多半是厕蝇、家蝇、腐蝇，也就是平常俗称的“绿头苍蝇”“红头苍蝇”“粪蝇”。它们喜欢在腐烂物体上栖息、取食、繁殖，有的则直接在粪便上传宗接代。它们置身于成万上亿的病原菌中，在人们的心目中它们是沾满病菌的“细菌”炸弹。苍蝇是个俗称，在它们的家族中，名目百出种类繁多，在世界各个地方都有它们的踪迹，初步统计已超过 35000 种。在昆虫学上，苍蝇属于昆虫纲双翅目，以下又分好多科，如人们常见的有粪蝇科、麻蝇科、潜蝇科、寄蝇科……每一科又分许多属、种。35000种苍蝇中多数是害虫。

在这个庞大的“苍蝇世界”里，它们有各自的丑恶“面孔”和奇特的作恶伎俩。经科学家的不断观察和研究，证实它们不仅是危害人类健康的大害虫，还是破坏大自然的妖魔鬼怪呢！

使牛羊发狂的恶魔

夏秋季节，在绵延千里的草原上，一群群膘肥体壮的牛羊，在嘴嚼肥嫩的牧草，尽情享受大自然的恩赐。可是转眼间，它们像突然遇到恶魔似的，乱窜乱跑起来。这是什么原因？千百年来，牧民们只以为是天上的恶魔在兴妖作怪。经过生物学家的长期观察和研究，才明白原来是牛羊受到一种叫狂蝇的蝇类的骚扰。这种狂蝇十分可恶，它头上长着一种羽毛状的触角，远在5～10千米以外就能嗅觉到牛、羊、马身上散发出的气味，它便追循这种气味，找到牛羊群的位置。而牛羊的耳朵也特别灵敏，它们能听到狂蝇在几千米外飞翔的振翅声。当听到这类声音后，牛羊就惊慌得全身犹如触了电一样，顿时显得心神不定，连肌肉也不时地在抖动，甚至惊慌得四处奔跑，不知所措。

牛羊的惊慌，是长期形成的条件反射。原来从远处而来的大批狂蝇，飞到牛羊群的上空后就俯冲而下，目标对准牛羊的鼻子；有些狂蝇一下来没有到达鼻子的，暂且降落在牛羊的身上，再急速地飞向鼻子，身驱

宠大的牛羊对之束手无策。接着，这些凶恶的狂蝇一个个爬到了牛羊的鼻腔内，没有多久就在这温暖湿润的地方产卵传代。每头雌蝇能产 50 多粒卵。当卵孵化成幼虫后，便寄生在这里，有的还爬移到牛羊的头颅内。被侵扰的牛羊全身难受，吃睡不安。温顺的牛羊经受不住狂蝇幼虫的叮咬，变得性情暴躁，狂怒不能自止，最后就成批地猝然死去。

胃中恶魔

与狂蝇狼狈为奸的还有一种“胃蝇”。在大草原上，经常会出现一些骨瘦如柴、站立不稳、突然倒下起不来的马匹。经兽医解剖，在这些病马的胃壁上，吸叮着密密麻麻的蝇蛆。它们将马的胃壁叮咬得千疮百孔，如同薄纸一般。

这种在大草原上繁殖生长的胃蝇，危害马匹的伎俩是十分恶毒的：雌胃蝇专门寻找马体的毛须部位产卵，这种卵能紧紧地钩在马的皮毛上。当马用舌头、嘴唇去碰舐这些部位时，由于唇舌分泌的液体含有养分，温度又比较高，促使黏附在这些皮毛上的蝇卵得以迅速孵化。而孵

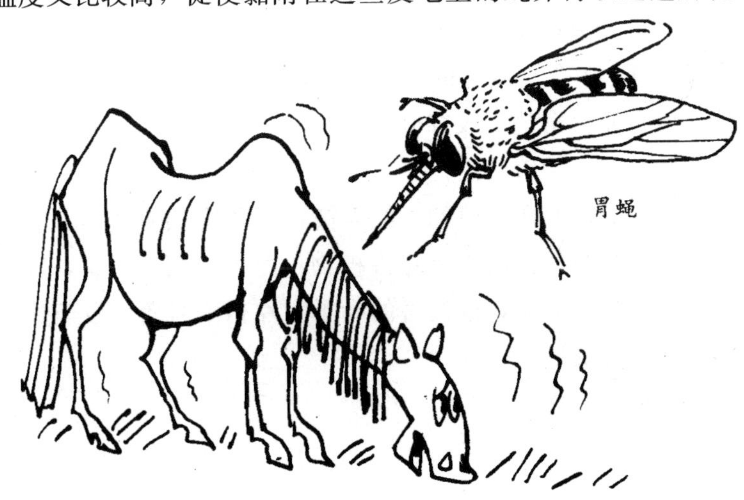

化出来的幼虫被马的舌头碰舐时，就乘势钻到马舌的黏膜下，在那里偷偷长大。随着马大口大口吞咽草料，幼虫便进入到了马的胃内。马的胃对胃蝇来说，真是一座含有各种营养成分的食品仓库，几十条以至几百条幼虫便叮在胃壁上生长发育，短的逗留几周，长的停留数月。马体内的营养大都被这些家伙偷吃掉了，瘦得皮包骨头，许多健壮剽悍的马被活活地折磨死去。所以牧民把胃蝇又叫瘦蝇。这类胃蝇不仅危害马群，还会引起牛、驴、象、长颈鹿等大动物的胃肠蝇蛆症呢！

破坏绿化

苍蝇不仅是危害人们健康和动物生命的害虫，而且还是伤害植物的凶手。有一种潜叶蝇，就是植物的大敌。我们知道，青翠的叶子是植物的重要组成部分，叶子的光合作用源源不断地供给养分，使植物茁壮生长。每片叶子的正反两面是由表皮组成的，表皮里面有叶肉和叶脉。小小的潜叶蝇能钻到叶子表皮下面去生活繁殖。因为它的身体极小，体型不到普通苍蝇的10%，只有芝麻般大小，它能够钻到各种形状的扁平叶子里去，一边嚼咬，一边贪婪地吃着叶肉，破坏叶子里的叶绿素；同时又能不停地向前侵蚀，好像开隧道的机器，在叶子里开“隧道”，把叶肉咬得支离破碎。但它能狡猾地不咬穿叶子的表皮，仍然悄悄地躲在叶片表皮的下面，吞食叶肉，繁殖后代。

这种潜叶蝇危害着许多植物，经常被寄生危害的有豌豆、甘蓝、瓜类、葡萄、麦类以及各种名贵的花卉植物。由于它们的危害，这些植物的光合作用受到严重破坏，被侵害的叶子大片枯萎脱落，以至成了秃秃的茎秆，难以开花结果。

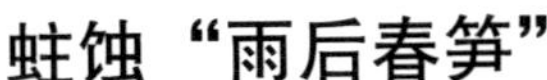

蛀蚀“雨后春笋”

每到春天，竹林翠绿，春雨绵绵，更催使竹林萌发出嫩嫩的笋尖。可是我们难以想象，此时此刻苍蝇也在蠢蠢欲动！在它们之中，有一种毛笋泉蝇，俗称笋蝇，在一场春雨之后，便偷偷摸摸地前来偷食嫩嫩的笋尖。

笋蝇的幼虫极其可恶，它只啃食笋尖上的嫩头，老的部位不屑于吃。当它肆无忌惮地大嚼一顿后，便从笋尖上部往下咬出一条通道，躲藏在下面。鲜嫩的春笋因为被侵害了肉体，就渐渐腐烂；有的笋因为笋蝇的幼虫聚集过多，致使整株毛笋生长不久便皮开肉绽而折倒。笋蝇是竹林凶恶的害虫，它不但导致春笋无法食用，还使笋不能向上生长成材。

这类笋蝇幼虫还非常狡猾，每当它摧残了大批笋竹以后，嫩笋生长期过了，可食的嫩笋没有了，它便化蛹钻入地下，躲藏起来，待到来年春笋发芽冒尖时，它又出来祸害。

笋蝇有着特殊的嗅觉功能，它能嗅到竹农在采笋时从笋肉里发出的清香味，于是便匆匆飞来产卵。当采笋季节过后，笋蝇便不来光顾了。

默默无闻的小字辈

在浩瀚的大千世界里，生物相互依存，有着许多微妙的关系，又时刻在进行着激烈的斗争。通常总是强食弱、大侵小。然而也有不少以小胜大而得名的昆虫。这里介绍一种默默无闻地为人类作出贡献的“小字辈”昆虫——寄生蜂。

体轻形微胜强手

寄生蜂在昆虫学中属膜翅目昆虫，它的家族非常庞大，据粗略统计有12万种之多，其中有一大群被人们称为“小字辈”的，如小茧蜂、小蜂、卵蜂、赤眼蜂等科，就占了几万种。因为它们能寄生在害虫体内，所以统称为寄生蜂。它们的身长仅1～5毫米，最小的甚至只有0.7毫米。几十只小茧蜂聚集在一起，也不过一小粒芝麻那么大。所以用肉眼很难分辨它们身体的外部结构，必须借助显微镜，才能认识它们的“庐山真面目”。又如一种叫柄翅卵峰的，体轻似尘，形如针尖，只有当它活动时，你才能察觉出来。据科学家统计，这类小卵蜂有几千种之多！

别看寄生蜂体轻形微，却能使比它大千万倍的猎物丧命。如小茧蜂可使菜粉蝶幼虫一命呜呼，用肉眼难以察觉的赤眼蜂是棉铃虫幼虫的克星，如此等等。在自然界，凶恶的害虫之所以很难成灾，其中就有这些

“小字辈”的一份功劳。

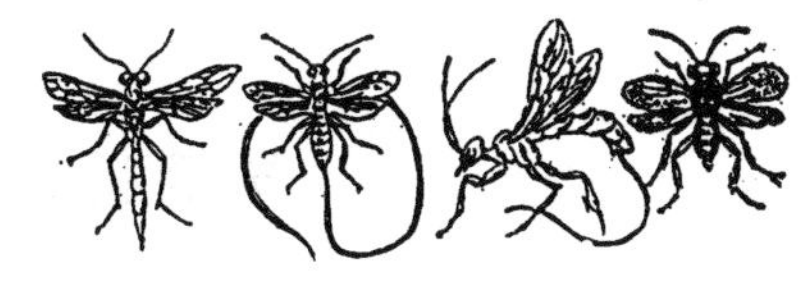

大螟瘦姬蜂　马尾蜂和它的产卵管　细蜂　黑卵蜂

克敌制胜的法宝

形如针尖的寄生蜂，为何有这么大的本领呢？

不同寄生蜂触角模式图

几种寄生蜂模式图

原来，寄生蜂的腹部末端，生有锋利坚韧的产卵器。有些寄生蜂的产卵器长得惊人，几乎超过它自己身体长度的数倍。当产卵器刺进害虫身体时，就像锋利的尖刀插进西瓜一样轻而易举。为了适应蜇刺不同害虫的需要，有些寄生蜂的产卵器像利剑，能直接刺入害虫的腹部；有些寄生蜂的产卵器则像一只有刺的倒钩，害虫一旦被钩住，就休想逃脱。这些产卵器坚韧而富有弹性，就像钟表里的发条，能弯曲自如。

伶俐的寄生蜂战胜对手的法宝，除锋利的产卵器外，还有附在产卵器上的、能使对手昏迷的毒腺。小茧蜂的身体只有麦蛾幼虫身躯的万分之一，但小茧蜂注入的毒液只要到麦蛾幼虫血液量的二亿分之一，麦蛾幼虫就无法动弹了。寄生蜂的这些毒腺一旦进入害虫体内，便使害虫的中枢神经麻痹，肌肉瘫痪，动弹不得。

寄生蜂的产卵器还能分泌一种胶状的液体，可以用来把自己产的卵牢牢地粘附在害虫体外，当新生儿孵化出来后，就有丰富的食料——害虫躯体；也可以用来把卵粘在害虫的食料上，如黏在松树的针叶上，当害虫啃食时，卵便随食物进入肚子里，待卵孵化长大，害虫的“五脏六腑”就成了寄生蜂幼虫的美味佳肴。

灵活敏锐的“探测器”

许多害虫隐蔽在不显眼的地方，但是寄生蜂有寻觅和消灭它们的特殊本领。比如树木的大敌——天牛，它的幼虫隐居在树干里蛀食，边拉屎，边挖“隧道”。小茧蜂能够根据天牛幼虫排出的粪便所散发的气味，找到它躲藏的“隧道”部位，随即用强有力的产卵器穿透树皮，进入木质纤维，直刺入天牛幼虫的身上。又如蛀食木材的另一种大害虫——蠹虫，它在穿孔时由身体放出来的代谢热转变成红外线，透过树皮传导出来，另一种小茧蜂能够感测到这种红外线，并跟踪找到蠹虫。

谷象金小蜂、麦蛾姬蜂，它们能根据麦粒内的谷象幼虫在啃食时发出的“喳喳”声找到这些小坏蛋。尤其是能根据贮藏年久的麦粒和大米中蛀虫发出的某种气味，飞到这些粮食上，把产卵器插到粮堆中，左右试探，搜集“防空洞”里的麦蛾幼虫，只要一碰上，就把卵产在它的身体上。

现代科学把害虫所分泌的唾液、排泄物所散发的多种化学物质，统称为接触刺激剂。寄生蜂能够分辨各种刺激剂，它是怎么分辨散布在空气里的特定物质的呢？这就是寄生蜂头上的触角的功能了。

寄生蜂的触角很细，只有头发的几十分之一。各类寄生蜂的触角形状各不相同，有鞭节状、鳃叶状、膝状、环状等，一般有 6～13 节，也有多达80节的。在触角末端的几节里，有大量非常灵敏的感觉细胞，并与神经细胞相连，能感觉到散布在空气中的极微量的分子气味。寄生蜂就能循着气味的方向，跟踪追击，找到对手。所以有人把寄生蜂的触角比作侦察兵用的探测器，也不无道理。

为人类做贡献

寄生蜂的奇特本领，受到人们的高度重视，现在有些国家已经建立了人工繁殖寄生蜂的工厂。我国早在20世纪50年代就开展了应用赤眼蜂、金小蜂的研究，在农业、林业防治病虫害中发挥了相当大的作用。近年来，广东、吉林、北京等省市大量人工繁殖赤眼蜂，用于防治甘蔗、玉米螟虫等。美国工厂生产的蚜茧蜂，已使加州地区的蚜虫不能再成灾。日本静冈县原来有一种叫“雅诺尼”的害虫，专门吮吸柑橘汁液，严重影响柑橘的产量。自从 1984 年从我国引进矢根小黄蜂和矢根泡小蜂后，柑橘的被害率从 70％降到了 20％以下，每年仅节省农药费用就达 250 万美元。

随着科学研究的深入，对寄生蜂的利用将愈来愈广泛，这必将为人类作出更大的贡献。

蚂蚁的朋友和敌人

在大千世界里，生物为了繁衍生存，不得不扮演各种朋友和敌人的角色，以适应自然的选择，蚂蚁便是一位大名鼎鼎的角色。全世界有1300多种蚂蚁，它们的个体数字估计有1000万亿，远远超过所有陆生动物。

蚊、菌、鸟、兽的争斗

在南美洲有很多蚂蚁，其中有一类黑头蚂蚁在地下筑穴营巢，可是在地面上有一种獾类动物叫挖蚁兽，以吃营养丰富的蚂蚁为生。蚂蚁为了躲避这个敌人，在地下与一位放线菌结下了盟友。放线菌在短短几天里经过快速繁殖，在蚁穴周围不断地缠绕，最后绕成一个线团，将蚂蚁围在里面，只留了一条小径供蚂蚁出入。蚂蚁在里面也不断地将自己身上散发的体温供放线菌取暖，以增殖菌丝体，此时的挖蚁兽，嗅到放线菌挥发的一阵阵霉气，就嗅而生畏，不敢接近，蚂蚁就确保了自己的安全。说来也巧，那里有一种体小而嘴长的长嘴鸟，专门挖啃放线菌的菌丝体，把菌丝啄出来后，掺和在树枝和碎叶里，砌巢避暑，成了小鸟的安乐窝，蚂蚁突然没有了放线菌的菌丝体的保护，全部暴露在外，这时挖蚁兽就紧跟在小鸟后面，美食蚂蚁了。

大乔木的恶与善

不少的蚂蚁是森林的卫士，森林与它们结下了生死之交。很久前，在巴西的密林里生活着一群啮叶蚁，它们专门爬上几十米高大的乔木，特别嗜好吃长在树上大如手掌的树叶，从下而上的一片片啃嚼掉，几天之后，大乔木成了一棵棵光秃秃的树干。大乔木因没有叶子吸收空气、水分和阳光，大片地枯萎而死。后来，树林里来了一大批益蚁，它们发现乔木的枝节间有孔隙，就像一根长笛上的圆孔，蚂蚁便在里面栖身，也不伤害大乔木。同时乔木的叶柄茎部会不断地长出含有蛋白质和脂肪的小颗粒，于是益蚁不断地搬食，小颗粒不断地生长，每当啮叶蚁来危害乔木时，益蚁就群起而围歼，大乔木得救了，益蚁也有了栖身之地，大乔木与益蚁相依为命。

残忍的欺压

在蚂蚁社会里，由于“民族”种类多，种群强而大，常常会有以强欺弱，以大压小的自然现象，有时候经过一小群兵蚁侦察，一大群工蚁在蚁后的指令下，闯入邻近另一群弱小的蚂蚁巢内，将巢内的幼小子孙倾巢押回自己的巢内，待到它们长大后，便作为奴隶肆意虐待，强令于各种杂役，一直到劳累而死。有的虽还能工作，却奄奄一息，此时就残忍地将它们断食绝水，活活饿死。

狼狈为奸

蚂蚁群中为了自身利益，常会发生“损人利己，狼狈为奸”的事。蚜虫是庄稼的敌人，它在一片叶子上不断地吸食叶汁，同时不断地将消化后的废物从身上分泌出来，这种分泌物对蚂蚁却是非常可口的蜜汁，蚂蚁得到蚜虫的引诱，又为了能不断得到蜜汁，便甘心情愿为蚜虫服务，待到蚜虫将一张叶片的汁液吸完后，蚂蚁便将行动迟缓的蚜虫驮到新鲜的枝叶上，一旦蚜虫认为适合自己吸食生存的地方，又驻足吸食，接着再分泌蜜汁以报答劳苦功高的蚂蚁。有时候，蚜虫行动迟缓遇到天敌来进攻，蚜虫逃遁不了，此时，蚂蚁却镇守在旁，充当一名卫士，来犯者也就不敢冒犯了。

以小胜大　以弱斗强

筑巢在柑橘树上的黄柑蚁，每巢有几千万蚂蚁，兵蚁守卫在门外，一旦有敌人来犯，蚂蚁中的工蚁，勇猛无敌，敌害一旦被它咬住，就死死不放，能将比自身大几倍的昆虫咬死，并搬运到巢内供其他蚂蚁共食，它是柑橘害虫金花虫、蝗虫、蝽象、潜叶蛾等的天敌，柑橘林中，有了它，橘树安全多了。

南美洲的热带丛林里，有一类号称“军团”蚁，它们总是集合成大群，数量多到10多万，它们到处行军“游猎”，专门吃荤，又称食肉游蚁。它们排成几路纵队，排首的几只大蚁当开路先锋，遇到河流，抱成一团，滚浮到岸，不会淹死。房屋无人防守，一经它们登门，屋里的白蚁、蟑螂、臭虫、蜈蚣等，以至老鼠也毫不例外全被消灭。他们比杀虫剂、灭鼠药还灵，当然房屋里人们存放的肉食品，也被“打扫”一空。

毒蛇在草丛安眠，被食肉蚁遇上了，食肉蚁便立即包围成一圈环形，随着包围圈缩小，食肉蚁狠狠咬住毒蛇，使它疼痛难忍，同时还施放一种麻醉的蚁酸，使毒蛇摆脱不了食肉游蚁。不多时，地上剩下了一条细长的蛇体骨骼。食肉蚁并不使当地居民害怕，只要把家里的食品、家畜带走或贮藏起来，食肉蚁的光临还起了除害灭虫的作用哩!

家庭里的害人虫

你可曾知道，在你的家里，有着各种各样的虫子在向你进攻，这些虫子除了蚊子、苍蝇、蟑螂、臭虫等外，还有在吃、穿、住、用各方面骚扰你生活的其他害虫，使你不得安宁。

以肉食类为生的害虫

在昆虫纲鞘翅目中，有一大科叫皮蠹科，它们种类繁多，有黑皮蠹、红圆皮蠹、谷斑皮蠹等。它们大多数喜欢吃荤性食物，如吃猪肉、牛肉、羊肉的蠹虫，贪吃火腿的火腿蠹虫，还有爬到鱼干上去蛀食的皮蠹，以及专门蛀吃毛织品的皮蠹。在它们的体内会产生一种消化肉和脂肪的蛋白酶和脂肪酶。此外，也有少数是蛀食大米、小豆等粮食的皮蠹。

皮蠹的成虫和幼虫，大都喜欢在荤性食品上安家落户。它们能够钻入肉块、鱼干的缝隙中去，不停地蛀食，把一块完整的鲜肉、火腿或鱼干，蛀成了碎屑状、蜂乳状，使人们无法食用。

这些蠹虫的卵，大都是乳白色，幼虫则是黄色至暗褐色，在显微镜下，可以看到它们身上遍布鳞片刚毛。它们适应性强，能在高温、低温和干燥的环境下生活；在缺少食物的场合下，能长期忍饥受饿，而一旦寻觅到充足的食物，却又会暴食一番。在营养条件恶化的情况下，有的幼虫还会进入休眠状态，往往可持续数年不死。一旦条件改善了，便会再度复苏，继续成长发育。

长期以来人们都在想方设法防治这些危害食物的蠹虫。在仓库里，用溴甲烷、敌敌畏等农药来熏蒸，有一定效果，尤其能杀灭那些幼小的幼虫。至于在家庭里，食物上的蠹虫就不能用药了，被蛀食严重的只能丢弃。预先将食物烧烤或浸在水里煮开，可以杜绝蠹虫建造“根据地”。有些人想办法把要收藏的鱼、肉尽量冷冻，或者腌制后风干、晒干，也有一些效果，因为有盐分和脱水后，蠹虫不容易在上面孳生繁殖。

书报中的害虫

家里的书橱、书架、衣橱、衣柜，由于长久不清理，积了厚厚的尘埃，加上潮湿，是一种名叫衣鱼的蛀虫喜欢出没的地方。

衣鱼全身银灰色，身体扁长，体形略像一尾小鱼。它的腹端有两条等长的尾须和一条比较长的中尾丝，虽然没有翅膀，行动却敏捷迅速。它常常栖息在书籍之中，啃食上面的浆糊和胶质物。衣服也是它们栖身取食的去处。

衣鱼以书籍为“家”，在书里面度日、繁殖、直至老死，连尸骨也埋葬在书堆里。它们尤其喜爱在阴暗、潮湿、发霉的环境里生活。在家庭书橱和图书馆的书库里，许多古籍、善本、珍本，常被衣鱼蛀蚀、缺口、钻孔，甚至书页被蛀蚀得像粉片一样，令人惋惜。

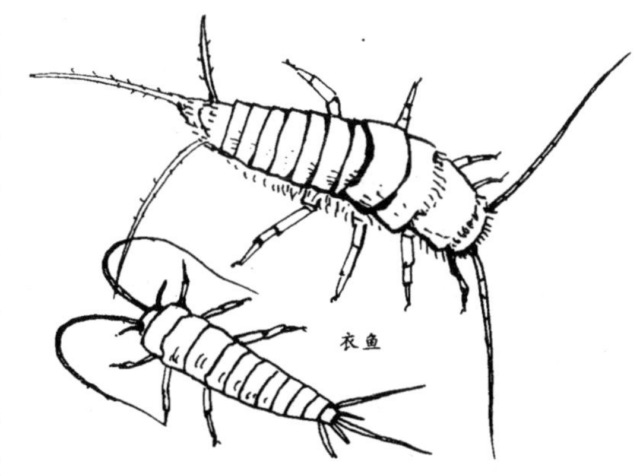
衣鱼

如何对付衣鱼？人们从多年的生活实践中发现，最重要的是，藏书的地方要通风、洁净、干燥、少尘，使衣鱼失去繁殖的“温床”。还要经常整理、翻动书籍，从书缝里拍打、抖落出衣鱼来杀死。也可以把书集中在一只大箱内，同时放置一些灭虫药物，如敌敌畏、除虫菊酯等，密封数天，然后把大箱放在空旷场地，在阳光下曝晒这些书籍，达到驱杀衣鱼的目的。

以毛料为粮食的害虫

随着人们穿戴毛织品的衣物多了，以毛织品为“粮食”的害虫也受到人们的关注。当人们从衣柜或箱子里把毛织衣物取出来时，有时会看到衣物上面疏密交错地出现了芝麻般大小的孔洞，真是令人心痛。这是一种叫皮蠹衣蛾的害虫祸害的结果。这种蠹虫俗称衣裳蛀虫，在昆虫学中属鳞翅目。

蠹虫于每年春夏之间在空中飞翔，它们专门寻觅晒在空间的毛织衣物，然后雌雄成虫双双飞上去交配、产卵。虫卵在毛织衣物上孵化成小蠹虫后，毛织衣物又成了它们的“粮食”仓库。小蠹虫每吃一餐，衣物上便出现一个洞，吃得多洞就更多、更大。伴随着蠹虫的传种接代，子孙满堂，毛织物就被它们蛀得千疮百孔了。

据英国科学家研究，毛织品以羊、骆驼等动物的毛为原料，其中有一种角质蛋白质成分，特别符合蠹虫的胃口。因为这种蠹虫的消化道内，恰恰能分泌一种分解角质蛋白的酶，叫角蛋白酶，这正是它们对毛织品有着特殊嗜好的原因。

杀灭蠹虫，除了喷射除虫菊酯、溴甲烷等杀虫剂外，平时要注意保持毛织品衣物本身及储藏器具的清洁，还要放置一些樟脑丸或樟脑精。一旦发现蠹虫，必须将衣物及储藏器具放在阳光下曝晒，并经常掸拍，以驱逐蠹虫。对捕到的蠹虫，要把它们投入火中烧死。

刺人的毒毛

每当盛夏，在道路两旁或乡村林间的大树上，常有一种全身密竖着刺毛的翠绿色幼虫。它是昆虫鳞翅目中的多毛幼虫，其中有刺蛾、刺毛虫等，俗称“洋辣子”。它们常在梧桐树、杨树上啃食新叶，虫龄增长一次就蜕皮一次。遇到微风吹动，这种虫体和蜕的皮就会飘散而下，刺毛粘在人体的皮肤上，顿时会使皮肤敏感红肿，发生星星点点的红疙瘩，使人痛痒难受，坐立不安，有的人抓破了还会发炎溃烂呢！

昆虫学家在显微镜下观察这种多毛幼虫，可以看到它们身上长满了各种形状的毒毛，其中有毒腺毛、毒针毛、刚毛、鳞毛。据研究观察，一条刺毛虫幼虫从小长到大，要蜕皮 4～5 次，每蜕一次皮就长出更多的毛，到了最后它身上的毛会增至一百多万根，每根毛比头发丝还细！只有 40～300 微米（1 米＝1000000 微米）。因为有毒，科学家称它为毒毛。

在电子显微镜下可以看出，这些毒毛的尖端部分既尖锐又锋利，像枚针尖，而毒毛的全身长满了倒钩，刺进人的皮肤后只会进不会出，如果你越抓挠，毒毛就越往里钻。所以粘上毒毛后，用手去抓挠，只能越抓越疼，而且指甲里有细菌，一旦抓破了皮肤，更容易感染。

科学家对毒毛又做了解剖，发现毒毛像根空心的管子，里面有淡黄色的液体，如将毒毛折断，便有少量液体从断口溢出。经化学家分析，这种液体含有多种化学物质，其中有组胺、乙酰胆碱等有毒物质，称为胺类蛋白质，能刺激人的皮肤，使之疼痛、红肿、发炎直至溃烂。

人的皮肤被毒毛粘上后怎么办？外科和皮肤科医生根据多年的临床经验告诉我们，通常只要用透明胶纸反复在皮肤上粘吸，就能够把多数毒毛粘出来；如果局部痛痒、红肿，可以涂擦消炎止痒剂或炉甘石乳剂、碘酒、医用酒精等消毒杀菌；如果痛痒难忍，可以适量服用抗组织胺类的皮肤药物。千万不要用手指去抓挠，以防抓破皮肤而感染。每到盛夏，最好不要在没有喷药除虫的树下游玩、乘凉。平时也不要将衣物吊晒在树下，以防毒毛黏在上面而伤及皮肤。

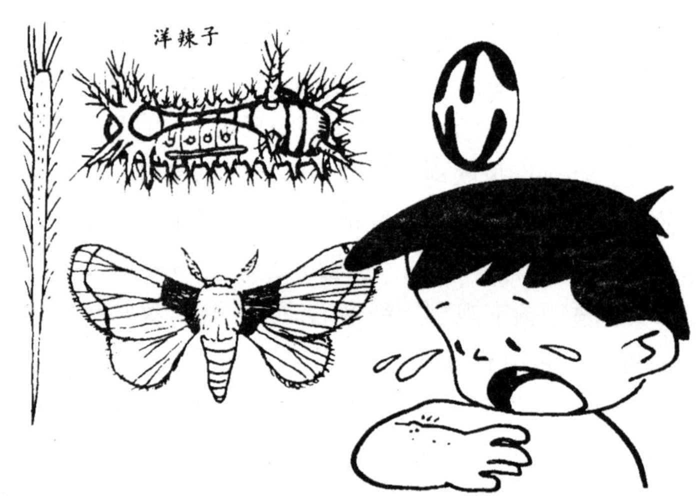

贪婪的“吸血鬼”

昆虫中有不少是靠吸血过日子的，称得上是贪婪的“吸血鬼”。它们大多寄生在猫、鼠、狗、鸡、猿猴等动物身上，也有的寄生在人体上。

危害极大的跳蚤

在“吸血鬼”中，要数跳蚤最凶横了，它们能寄生在许多动物的身上，不停地吮吸动物的鲜血。跳蚤的种类很多，胃口也不一样，有的爱吸哺乳动物的血，有的爱吸鸟类的血，有的爱吸人血，有的还会钻到动物的皮肤里面去吸血呢！如一种叫潜蚤的，它钻入动物的皮肤后，就一直住在里面不停地吸血，直到老死。

更可恨的是跳蚤是多种疾病的传播者。它们寄生在老鼠身上，老鼠到处乱窜，可以传播鼠疫、斑疹、伤寒等两百多种病菌。历史上有名的鼠疫流行就是跳蚤传播的。1347 年欧洲的鼠疫，3 年共夺去 2500 万人的生命。1665 年仅英国伦敦就有 10 万人因鼠疫病而丧生。当时没有有效的防治办法，为了避免鼠疫蔓延，只得把流行地区死去的和染此病尚未死去的人，连同整座村庄全部烧光。

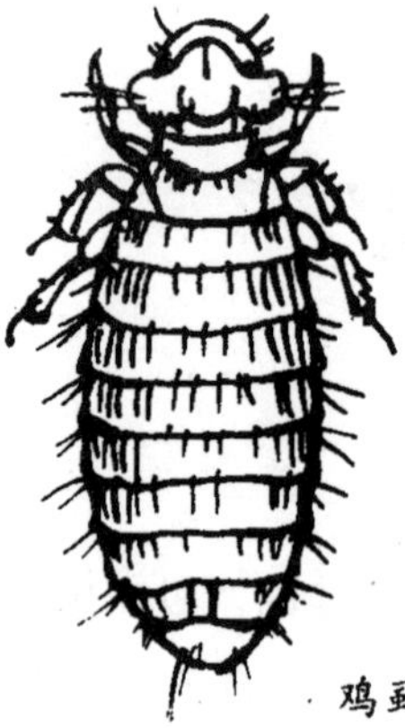

鸡虱

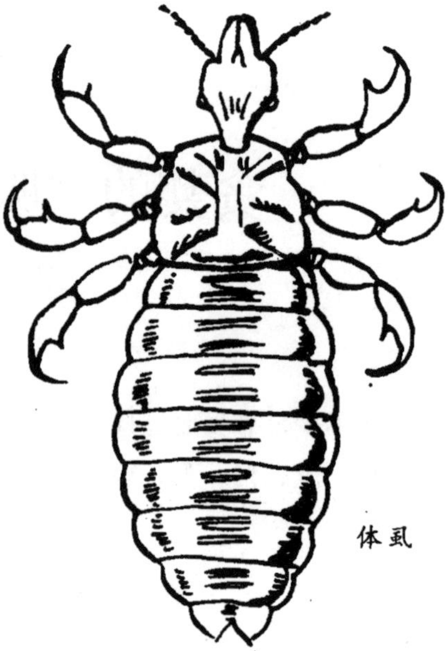

体虱

虱子的本领

虱子不仅叮人吸血，也爱寄生在猪、牛等动物的身上吸血。一到夜晚，躲在鸡舍缝隙内的小小鸡虱，就开始活动起来。它们头上长着一对触须，虽然只有0.1毫米长，却能正确无误地测知鸡身上散发出的热来自哪个方向。于是从缝隙中钻出来，寻找到温暖的鸡身，叮上去就不停地吮吸那美味的鸡血。待到时过三更东方欲晓，雄鸡喔喔初啼时，由于鸡身的活动，体温骤然升高，鸡虱难以忍受，再之经不起鸡白天在泥沙里沙浴时的震动，所以天明前它们就返回到缝隙中躲藏起来，等待着夜晚的来临。

另有一种虱子，喜欢吸鸟血，而且还有一套奇特的本领。有时鸟的身体全被虱子叮满了，后来的虱子挤不进去，就会叮咬已在吸血的虱子，吮吸同伴从鸟身上吸到的血。不过它们会被再迟来的第三批虱子叮吸，第四批又叮吸第三批……依次叮吸，排成一串，这等于从鸟身上拉出了一根输血管。最后，这一串虱子都养胖了，而鸟的血却被吸干，直到奄奄一息动弹不得。

威胁人类的吸血蝇

苍蝇不仅传染伤寒、霍乱、痢疾等病原菌，严重危害人类健康，而且还有一种“吸血蝇”，专门吸食人和动物的鲜血，对人和牲畜造成很大的威胁。

这种吸血蝇略带蓝绿色，长有一对橙红色的眼睛。一旦人和动物的皮肤被擦破或碰伤，它们就能在15秒钟内从远处嗅觉到，并很快地飞到伤口上，产下400多个白色小卵；12小时后，这些小卵靠动物的体温孵化成蛆（幼虫）；一周以后大量的蛆长到 1.5 厘米左右，便贪婪地在伤口周围大吃起来，又吸血又吃肉。

吸血蝇原产南美洲，前几年利比亚从乌拉圭进口羊肉，没有经过检验，这种吸血蝇便被带到了非洲，因为那里的气候炎热，那里的牲畜又特别适合它的胃口，所以迅速繁殖，猖獗到不可收拾的地步。据世界野生动物基金会预言，如果这种蝇不加根治，东非和非洲南部 80％的动物将受到灭顶之灾；它还可能进一步扩散到中东、欧洲和亚洲广大地区。

由于这种吸血蝇分布广，数量大，很难控制，用一般的杀虫剂只能消灭部分成虫而不能根治，昆虫学家正在研究用射线照射这种食血蝇的卵，使它们孵化出的成虫丧失生殖能力。科学家已经在墨西哥用这种方法培养了 8000 万只不育雄蝇，用飞机撒往灾区。雌蝇与这种雄蝇交配后产的卵不能孵化，从而使它们断子绝孙。

从昆虫的肌肉说起

6只脚的跳蚤，小如标点符号，在昆虫世界中却是有名的跳高“健将”，它每一跳，就是自己身高的200倍。

在昆虫中，不仅跳蚤有如此奇特的跳跃能力，还有蟋蟀、跳甲、蝗虫等，它们的弹跳能力也都是非常惊人的。如蝗虫后足的腿肌特别膨大，能使后足突然伸直，向上跳跃。我国山西省在1949年发生过大蝗灾，铺天盖地的蝗虫吃掉了23个县的小麦后，立即在一二天后连跳带飞地转移到另外几十个县的农田里去啃食麦叶。它们行动那么迅速，就是靠着强有力的后足肌肉弹跳运动的。

昆虫的肌肉除了能帮助跳远外，还能帮助远距离飞翔，像蜻蜓、蝴蝶、蜜蜂、飞蛾等能飞得很远很远，就是靠它们胸背之间连接翅膀的那部分强有力的胸肌。蝴蝶依靠这部分发达的肌肉，可以使翅膀上下拍击、前进后退或转弯等。蝴蝶有时停着不飞，却不断地拍扇着翅膀，那是它的肌肉在运动，为的是让身体产生足够的热量，当翅膀和体温升高到35℃时，便能一跃而飞起来，就像飞机在起飞前的螺旋发动机运转一样。

蜻蜓是令人赞叹的“战斗机”，不仅能飞得远，还能倒翻飞、侧身飞和倒退飞，还能以难以置信的速度垂直上升。它是最能在飞行中捕捉害虫的能手。它有如此高超的飞行技巧，就因为它的胸部是由强有力的胸肌（称为飞行肌）构成的。这些肌肉不仅由特殊形状的肌肉纤维细胞组成，而且在纤维细胞中央排着一种叫线粒体的结构，飞行时所需的高能量就是由它提供的。

正因为昆虫有发达的肌肉，它的翅膀才有力量去飞翔，使自然界有各种善飞能舞的昆虫。据统计，飞蛾每小时可飞54千米，蜜蜂每小时可飞10～20千米，芝麻般的果蝇能连续飞6.5小时。生活在美洲大陆的斑蝶，能飞越大西洋直至非洲的撒哈拉大沙漠，有的还能飞过浩瀚的太平洋前往日本，再飞向澳大利亚。

各种会飞、会跳、会爬行的昆虫，都有特别发达的肌肉组织。据昆虫学家研究，昆虫体的肌肉数目，比人类及其他脊椎动物要多得多。例如昆虫鳞翅目幼虫的肌肉细胞就有2000～4000条，而人类还不到800条。据观察研究，昆虫肌肉所发挥的力量，与它身体的大小成反比。金龟子能牵引比它重20倍的物体。一只蚂蚁可拉动一只苍蝇，且能举起比自身重52倍的石块。

昆虫的肌肉数量比人和其他动物多，只不过更微、更小、更细而已。它们的肌肉组织究竟是什么东西组成的呢？就以跳蚤为例吧，跳蚤的肌肉是由肌肉纤维细胞构成，每个肌肉纤维细胞由体壁肌和内脏肌组成，在这些肌肉纤维细胞中还存在着几种叫肌球蛋白、肌动蛋白以及酶的能量成分，这些成分经由脑神经控制和协调，然后通过神经细胞传递运动信息，促使肌肉收缩和松弛。

现在，科学家已通过化学和物理方法分析，得出昆虫某些肌肉活动

的成分和结构，然后用相应的化合物来代替，成为一种人工的肌肉运动器。比如，有一种叫胶原蛋白的化学分子，很像螺旋弹簧，它与肌肉纤维的结构相似。当遇到一种溴化锂的催化剂溶液时就会收缩，再用水清洗时又恢复到原来的长度。人们把这类化合物放在预制的管道或模具中，胶原蛋白就在其中收缩和伸长，如此往复不停，起到了举重、牵引、重压等机械功能的作用。于是，由“人造肌肉”产生了各种“肌肉发动机”“肌肉跳跃肌”“肌肉机械手”等。此外，科学家正在研究怎样把肌肉的运动转变成各类电子信号，并编成程序储存在磁带盘上，然后安装在人造机械手中，使机械手按人们的需要活动。随着现代科学技术的发展，运用化学功能、计算机技术去研究各种生物体的肌肉运动将会给人类带来奇异的未来。

昆虫破案记

古今中外的执法机构，为了侦破疑难案件，有时会请昆虫参与工作。昆虫居然能大显身手，屡建奇功。

蚂蚁带路破案

在江南某地的农村，夏收以后，农民欢欢喜喜地把丰收的油菜籽贮藏在仓库里，准备送去油厂榨油。可是只过了几夜，这些已经装在麻袋里的油菜籽竟然不翼而飞了。

案件发生后，公安人员在村里反复追查侦探，没有发现一点线索和疑点。一个多月过去了，仍然没有一点头绪。这天，一位研究蚂蚁的学者，在东村附近小林地采集蚂蚁标本时，发现成群的蚂蚁排着长队，像一条黑黑的长线，从林地爬向西村的一幢房舍里兜了一圈，从屋里爬出来组成了另一条返回林地的长长的黑线。这时的蚂蚁犹如搬运工人在肩上扛了一大包重物，步履沉重地向小树林的蚁窝里爬去。仔细一看，原来是一只只蚂蚁都驮着菜籽，有的是两只蚂蚁抬一粒菜籽。这往返的距离，足有几百步之远，实为壮观。这位学者在感叹之余，不禁产生了疑问：这个村落的农民，不种油菜，哪来的菜籽呢？当他听说小树林那边的东村失窃油菜籽至今尚未破案后，他就沿着蚂蚁出没的路线，找到了西村的房子；又查看了东村农民被窃油菜籽的包装和大致数量。他很有把握地协助公安局查出了西村的窃犯，破了这个疑案。

在法庭上作证的证人有两位：一位是研究蚂蚁的学者，另一位就是蚂蚁了，不过学者是蚂蚁的代言人。他在法庭上说是蚂蚁协助他侦破了油菜籽的失窃案。原来，蚂蚁头上有一对触角，它能发现食物和用来传递信息，每当发现了食物而又无法独立搬动时，它们立即返巢，用触角向伙伴表示，同时分泌出一种信号物质，告诉哪里有很多食物。经过相互传递信息，蚂蚁便倾巢而出，组成一支庞大的“运输队”。根据报信的蚂蚁在途中布下的气味，成千上万的蚂蚁沿着气味，无需带队就可以准确无误地找到食物。这位学者根据蚂蚁的踪迹，协助公安人员查到西村这些窃贼所藏的油菜籽，正是东村的失物。

苍蝇识破凶手

在我国古代，有两起杀人案是从观察苍蝇的活动中破案的。

在五百多年前的明朝，有一个歹徒因贪财杀了人，之后装得若无其事。办案的官员分析了杀人现场，认定死者是被刀砍死的，凶器是用铁制的。于是他要村民百姓把家里的铁制刀器立即全都拿出来放在场地上，不一会苍蝇集中叮聚在其中的一把镰刀上，官员就命令衙役将这把镰刀的主人抓了起来，这个人大喊冤枉。那官员斩钉截铁地说：“你的镰刀上叮满了苍蝇，别人的都没有。就因为杀过人的刀上有血腥气，这是苍蝇最喜欢叮吸的味道。这把镰刀是你的，你还要抵赖杀人的罪责吗?”那个歹徒理屈词穷，只得低头认罪。

另一起杀人案是一个商人被杀，财物被抢，罪犯逃之夭夭。老捕役四处查访，没有线索。一天，他发现在河边一条船头上，晒了一条被褥，上面叮满了苍蝇。他顿时想到：这是因为上面沾了被杀人的血，又没洗净，还存在血腥气味；再经查看，没有发现其他的痕迹。老捕役断定这是杀人犯的罪证，立即上船将躲在船上的罪犯抓捕归案。后来凶犯供认服罪，众人十分佩服。

苍蝇为什么能帮助侦破杀人疑案呢?那是因为苍蝇不仅有口器，能舔吸食品的滋味，更由于在苍蝇头部的触角上和脚上都长有一种嗅觉毛，它与感觉神经直接联系，是很灵敏的感受器。苍蝇对血腥臭味特别喜好，即使在凶器上残留 1‰的分子气味，也能被苍蝇发觉而去品尝。法医可以根据苍蝇生理机能和嗜好血腥臭味的特点，侦破一些疑案。

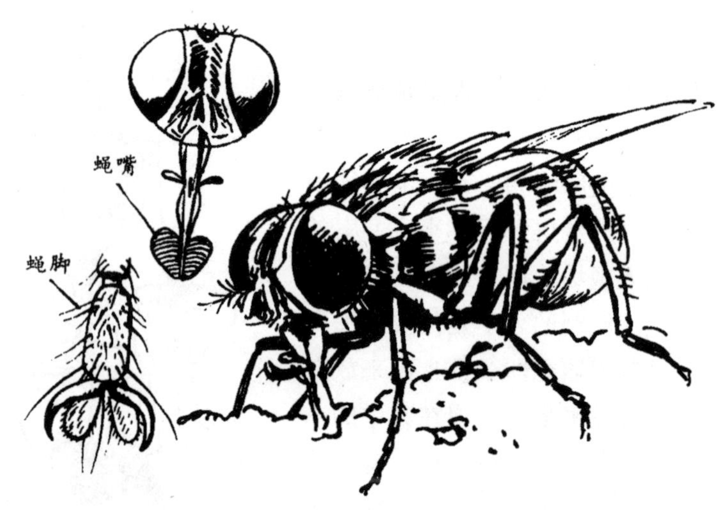

充当超级间谍

昆虫不仅能用来破案，在科学发达的现代，还用来侦察敌方的军事情报和国家机密，成了国际间谍。

有些国家为了得到邻国的重要情报，往往在“神不知、鬼不觉”的情况下，偷偷摸摸地在对方严禁出入的要地安放一些“窃听器”，但这要冒很大风险，一旦被抓住，有损国家名誉。现在有的国家发明了一种“飞虫窃听器”，就是在苍蝇一类的小飞虫的背上，粘上一个针头大小的高能量电子窃听器，并让飞虫吸入一定数量的神经毒气，当它飞到预定目的地后，即因毒性发作而死亡，跌落在墙角或桌子旁，但它背上的窃听器却开始了工作，足以把会议室或实验室里的谈话，原原本本地发回来，情报机构用微波接受器就能收到机密情报。目前有的国家还在培养和制作“超级间谍苍蝇”，这种苍蝇能利用人体的气味来寻找目标，并在完成任务后能够自己返回基地。

塞住蚊蝇的“鼻子”

昆虫虽小，可是它们都有一个灵敏的“鼻子”，用来寻觅食物，区别敌我，探亲访友……我们厌恶的蚊子、苍蝇、臭虫、蟑螂，都是用它们的“鼻子”来侵犯人类的。科学家们正是巧妙地塞住这些害人虫的“鼻子”，“以毒攻毒”来防治这些害人虫。

堵塞蚊子的感觉毛

雄蚊是吃素的，而雌蚊却是吃荤的。雌蚊在卵巢成熟前因为要给即将诞生的“婴儿”提供“营养”，所以特别嗜血。它到处飞翔，寻觅“血库”。蚊子最初的飞行是随意的，可是当它感受到空气中某些地方有“血库”的气息——二氧化碳和温湿气流时，它触角上的感觉毛就会受到刺激，便立即向这股气流飞去，然后像“直升飞机”那样，降落在人体皮肤上。

把蚊子身上轮生的感觉毛放在电子显微镜下，我们就可以看到，每根感觉毛上密集排列着圆形或椭圆形的毛孔。空气中人体蒸散的二氧化碳气味，通过蚊子感觉毛的毛孔到达蚊子的脑神经后，蚊子在0.001秒内即可作出反应。国外研究驱蚊剂的科研人员在蚊子触角的感觉毛上安装了一种微型电报，从电报反应中了解各种驱蚊剂对蚊子的感觉毛的抑制作

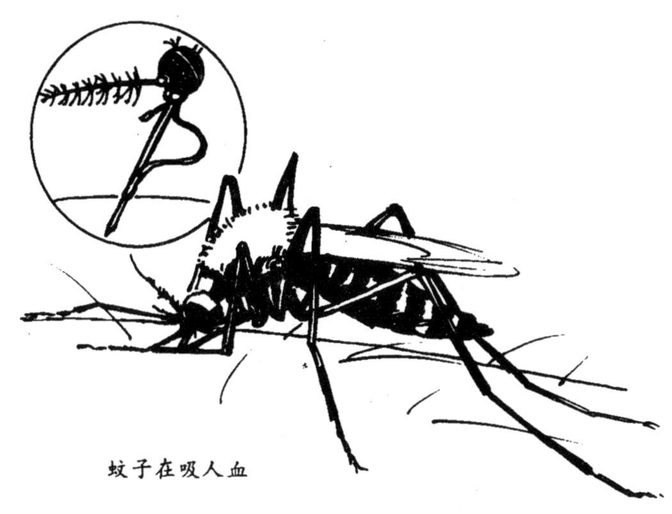
蚊子在吸人血

用。他们发现在驱蚊剂中“加”一种附着剂，使驱蚊剂的分子形状从长方形变为圆形或椭圆形后，这种驱蚊剂在空气中飘散时，就会堵塞蚊子感觉毛的毛孔，使感觉毛对人体气息的正常反应被破坏。于是蚊子便找不到目标，再也不能来侵犯人类吮吸人血了。

刺激苍蝇的嗅觉毛

苍蝇也是靠着高度敏锐的嗅觉器官得以生存和繁殖的。一只苍蝇的口器周围，以至脚上，都有丛生的嗅觉毛。经过电子显微镜放大2600倍后我们可以看到，感觉毛宛如密密麻麻的电线杆插在蜂窝状的“皮肤”中，而每一根毛的底部又有三个感受细胞：一个专门管触觉，另两个有细丝从空心毛管中通往神经末梢，听从“司令部”的指挥，区别掠夺到的东西是应舍弃还是可以饱餐一顿。比如对盐类、酸类、糖类、蛋白质、脂肪等物质的性质和浓度的感受，便由这两个细胞给脑部放送生物电波，让脑部决定这种物质能否接受以及如何接受。

美国的农业科学家们根据蝇类嗅觉的特点，做了一个实验：把苍蝇的嗅觉毛加以隔离，用精密的放大器和示波器来测量嗅觉毛对各种物质刺激的反应，从而研究出一种刺激苍蝇嗅觉毛的诱蝇剂。这种诱蝇剂是一种透明无臭而对人类环境无毒的油剂，研究者把它放在捕蝇器中，可以提高诱捕率。

臭虫的“警报”

专门吸吮人血令人痛恨的臭虫，是名符其实的害虫，它有一种臭腺，会分泌出一种油状、酸性、挥发性强、有浓烈臭味的物质。原来这种臭味是臭虫们相互传递信息，以便一致行动的“警报”。臭虫严格“遵守”昼伏夜出的“作息制度”：白天，它的臭腺发出的“警报”是相互告诫不要外出，必须躲藏在安全的缝隙里，以防杀身之祸；黑夜来临了，它便解除“警报”，分散游荡觅食。

臭虫的嗅觉毛，对于人体皮肤发出的乳酸、氨基酸和二氧化碳气味特别敏感。皮肤发出的这种气味越浓，对臭虫的引诱力就越强，遭到它叮咬的“攻势”也就越厉害。臭虫对温湿度也非常敏感，即使人体与外界物体的温度相差仅1℃上下，它也能加以分辨，立即向着熟睡的人们爬去，无声无息地吸血不停。

雌雄臭虫都会释放出一种能引起两性成群结合的性激素。昆虫学家做了一个实验，把臭虫两性的触角都除去，结果它们对异性释放的性激素便失去了反应。科学家又把臭虫身上的性激素溶解和提取出来，当温度调节到32℃时，这种物质的气味便逐渐挥发，于是，臭虫便如痴如醉地爬向这种物质。目前，科学家正在致力于这方面的研究和实验，以便研制出一种实用的灭臭虫药剂。

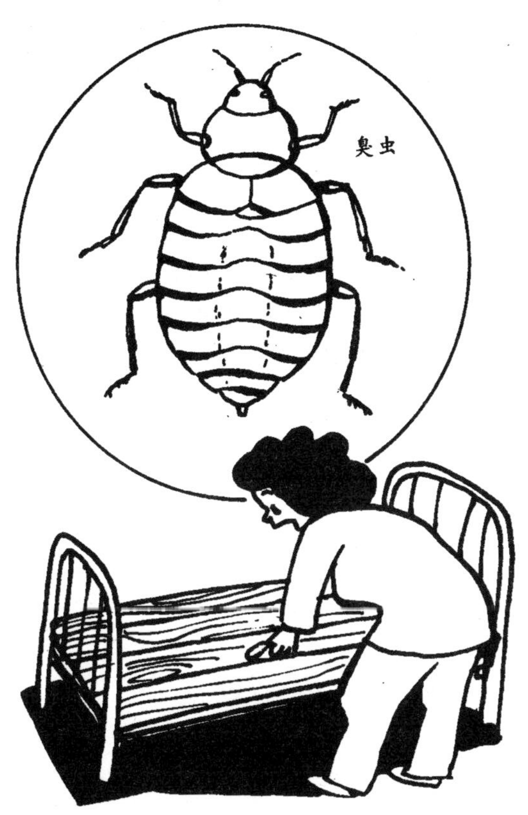

蟑螂的末日

蟑螂至今已在地球上生活了 3 亿多年，这是因为它有一套能适应自然变迁的“特异”功能。它的尾须能测知地面微弱的震动，而头上一对触须却能嗅到浓度为百分之一的物质的气味。它的触须不时捻搓敲打，同时收发各种信号。

美国和日本的昆虫学家发现，蟑螂的体表能分泌出一种特有的气味，可以引诱蟑螂“一家人”聚集在一起。雌蟑螂分泌出的刺激性物质，还会招引雄蟑螂“堕入情网”，拍翅交尾。科学家从这个发现中获得启示，便从 75000 只雌蟑螂中，提取出 2 种引诱作用极强的性外激素“蟑螂酮”A、B。它们能把雄蟑螂引诱到捕虫器内，聚而歼之。而雌蟑螂没有了对象，也就无法繁殖后代了。目前科学家们正在进一步鉴定这种“蟑螂酮”的成分，进一步分析它的化学结构，以便研究人工合成的方法。日本一个研究所已经从带薄荷味的植物香料中，发现一种与雌蟑螂性外激素一样的化学物质，用 20 微克（1 微克是 1 克的百万分之一）的剂量就可引诱大批雄蟑螂，使之处于兴奋状态。这种物质可以简便而廉价地合成，性状也稳定，又便于工业化生产。可以预期，延绵 3 亿年、危害人类甚大的蟑螂，终将被人类消灭干净。

让害虫得“神经病”而死

人和动物因种种原因会得“神经病”，严重的还会导致死亡。那么昆虫会不会得“神经病”而死呢?

产生抗药性

为了消灭害虫，过去发明了不少杀虫剂，如农民将六六六粉喷洒在农作物上，害虫在取食时，它经过口器的咀嚼和吮吸被吞进消化道，破坏消化道组织或抑制消化系统，从而使害虫失去消化功能，使昆虫的胃肠中毒，得病死亡。这种有胃毒作用的杀虫剂称为胃毒剂。

过去的胃毒剂都不是“万能”的，昆虫在生存斗争中，也慢慢地“学会”了适应杀虫剂的袭击，体弱的被淘汰了，体强的却被保留下来。它们对这种胃毒剂已产生抗药性，不怕这类杀虫剂了，照样可以交配繁殖，传种接代。后来害虫又泛滥了，给粮、棉、油、果蔬等作物造成的损失无法估量。

灭虫新创举

“魔高一尺，道高一丈。”科学家在防治害虫方面又开始了新的探索。其中让害虫得“神经病”而死，就是一种收效极佳的创举。早在第二次世界大战中，德国法西斯为了消灭犹太人，将他们大批地送入焚尸房，通入毒瓦斯。人体吸入毒气后，人的神经细胞中毒，人们即刻非常痛苦，全身剧烈地颤抖、痉挛而死亡。这种毒气被称为杀人的神经毒剂。为人类谋福利的科学家把这种神经毒剂的化学结构经过科学的改变后，减低了对人体的毒性，却使它对昆虫的神经有剧毒，使害虫得“神经病”而死亡。

寻找关键酶

怎样才会使害虫神经中毒呢？每种生物体在体内的新陈代谢过程中，有无数的酶类在发挥着催化调节，控制体内的各种生理活动，它像机器中的润滑油，没有它，机器零部件就会发热、停转，甚至烧毁。据科学研究得知，一个细胞中可能存在着将近3000种酶，每种酶都有一定的工作对象，它们各守其职，分兵把口，却能互相制约、帮助，使生物得以正常地运行。

在这众多的酶类中，有一种酶，称为胆碱酯酶，它在生物体的神经组织中含量很丰富，能帮助神经细胞正常传递信息，而神经杀虫剂却会抑制这种酶的活动，当杀虫剂侵入神经细胞之间的结合部位时，它能切断这种酶的活动，使神经细胞与下一个神经细胞失去联系，发生混乱。此时虫体的神经系统便高度兴奋，于是害虫剧烈地颤抖、痉挛而处于麻痹瘫痪状态，不久死亡。

近年来科学家发明了许多对害虫神经有毒的杀虫剂，如敌敌畏、敌百虫、除虫菊脂等，这些杀虫剂只要喷到害虫身上或者在害虫经过的地方，只要身体一接触这种杀虫剂，便会经过皮肤、呼吸道、口器进入昆虫的神经系统，起到杀虫作用。

六只脚与尖端科技

六只脚的昆虫是人类科学技术的老师，这说起来近似神话，然而当我们了解科学家模仿昆虫生物体，建立起仿生科学，并且在许多领域日新月异地探索、发明、创新，我们就不能不信服，并赞叹不已了！

虫眼“遥感”

苍蝇、蜜蜂和蜻蜓等昆虫，它们能准确地停留在所要猎取的“食物”上，这个现象早已引起了科学家的注意。经过多少代科学家的研究，终于明白了：这是因为它们有着非凡的视力。

以苍蝇为例，它的眼睛是由单眼和复眼组成的，单眼是一种感光器官，而复眼不仅能感光、分辨色素，还能观察物体动、静的各个方面。复眼是由4000多个互相间隔的小眼构成的，苍蝇的每个小眼都是一个小型视觉系统，它由晶体、传光系统、敏感的视网细胞组成。每个小眼对着不同的方向和感受一个印象，这样，千百个小眼就像印刷厂的工人依靠网版制图一样，网版越精细，制出的图片越清晰，苍蝇看到的物体就有很高的清晰度。

昆虫具有这样高速度、高分辨、高效能的眼睛，博取了无数科学家的赏识并开始了仿生研究。近百年来，首先从照相术开始，进而综合了

光学、电子学、信息论等各学科的运用，直至发展到复杂的遥感技术，使之成为空间科学的一个十分重要的组成部分。从20世纪初发明的飞机上拍摄的第一张航空照片开始，又出现了航空摄影技术。

第二次世界大战后，航空摄影已不是一种单一的科学技术，而是发展到了综合性的遥感领域了。像空中侦察卫星，在离地面 160 千米的上空，利用遥感技术，可以区分地面 1 厘米内的物体状态，可以分辨一条大街上的行人是男人还是女人，他们是否在吸烟，甚至报纸上的标题、汽车的牌号和轮胎车印，也都能通过遥感相片加以判定。

在海湾战争中，爱国者导弹就是在遥感雷达导引下，在 0.5～24 千米高的空域范围内，拦截 80 千米内的刚升空的飞毛腿导弹，几乎百发百中。美国的发现号航天飞机所发射的探测器，其中就用了仿生眼，用于星球大战计划。

高超的建筑艺术

蜜蜂的建筑艺术，千百年来一直为人们赞美不已。早在公元 4 世纪时，马其顿王亚历山大的数学家巴普已经证明，蜂窝房是六角柱形状的体型，是一种最经济的建筑形式，这种窝的容量最大，而花费的材料最少。

聪明的人类仿效蜂窝的结构，用于现代航天飞机上。设计师们为了减轻机身的重量，提高飞行速度，飞机的外壳用钛制金属板做面料，又在里面的空间用特种塑料板、金属板、木板等互相搭配镶嵌成蜂窝状，既减轻了重量，又减少了材料，还能够承受宇航时的空间压力。蜂窝结构还推而广之，用于厂房、住房、奥林匹克运动场等建筑上，既节省材料，又美观实用。

除了蜜蜂外，各种蜂类的蜂窝在建筑学上都具有可供借鉴的特色。科学家们正研究试用在各种现代化的建筑上。

高效能的“天线”与红外仿生

各种动物运用生理上的器官来了解周围所发生的一切，昆虫头上的触角就是它最灵敏的“天线”。现代科学已经探明，昆虫在搜索周围环境时，它头上触角的振动频率是各不相同的。比如，蚂蚁和蝴蝶的触角每秒振动5～20次，飞蛾的触角每秒振动30～60次；振动最快的蝇类或蜂类的触角，每秒振动150～500次。通过触角的振动，搜集外界的各种信号，送入脑神经，由神经细胞作出反应，下一步的行动是约会、取食，还是战斗或休息。

昆虫的这种本能，启示了科学家把它运用到各种工程的天线接收器上。他们制作了各种电子测量转换器，从空中得到地面的大致状况，变成电子信号，由电子转换器变成地面森林、河流、田野的面积、种类等的确切数据。美国加州大学的格里菲思教授曾模仿夜蛾触角上的神经系统，制成了一种特制的红外天线，在毫米和微米波段内发射和接收信号。这种小型红外天线与蛾子的天线一样敏感，还具有保密性强、设备小巧灵活的优点。

冷光仿生的辉煌前程

夏秋的夜晚，在草丛中经常可以看到闪闪发光的飞虫，人称萤火虫。科学家对此作了有趣的研究，发现萤火虫之所以能发光，是因为在它的体内有一种发光的萤光素和萤光酶的物质，还有一种生物体特有的高能化合物（即三磷酸腺苷），简称 ATP。萤光素在萤光酶的催化作用下，由 ATP“助燃”，通过发光细胞发出了闪闪的萤光。

萤火虫的发光系统具有很高的发光效率，它体积虽小，能量却大，如果千百只萤火虫聚集在一起，它的光亮和色彩，可以与类似的照明灯泡相媲美。人们由此得到启发，就探索这种天然的发光现象，用化学方法人工合成了萤光素和萤光酶，制成了一种冷光光源。目前有些国家正在开发这种冷光光源。普通常用的钨丝灯泡，它的发光率只有2%左右，其余作为红外热而散发掉了。冷光则不同，它几乎能将化学能100%地转变为可见光，是现代光源效率的几倍到几十倍。

矿井中的冷光闪光灯，遇到瓦斯也不会爆炸。潜水工程用的水下发光灯，不会有漏电、触电事故发生。冷光用在军事、医学上，更有它特殊的优越性。现在，冷光正在受到人们越来越广泛的运用。人们预测在不远的将来，冷光将被用于公共场所的大厅、繁荣的街道和商店、手术室、实验室以至千家万户，那时，耗费大量石油、煤炭和核能的电力照明器具就要让位了。

迷彩伪装的故事

迷彩伪装的功绩

第二次世界大战中，德国包围了苏联列宁格勒（圣彼得堡的前称），苏联的各种建筑物，尤其军事设施被疯狂轰炸。为了抵御德国法西斯的进攻，必须对军事目标进行伪装。当时列宁格勒大学（现为圣彼得堡国立大学）有位教授叫施万维奇，经过长期研究创立了一种迷彩伪装。他发现蝴蝶翅膀上的花纹与自然生态环境之间有内在的联系，利用这种图案可构成一种迷彩的伪装原理，对机场、车站、工厂、军事基地进行色彩伪装，可以搅乱敌人的侦察视觉，为保卫列宁格勒的军事目标免于空中威胁作出了有益的贡献。此后，军事家都运用了这一迷彩学说收到了奇效。

为了纪念施万维奇的功绩，在列宁格勒的奥赫金公墓里，有一座雕刻着一只蝴蝶翅膀图案的墓碑，施万维奇就安息在这里。

“拟声伪装”窜蜂房

在繁花盛开的植物园里，无数的蜜蜂、黄蜂和丸花蜂在艳丽飘香的花枝间齐声嘻嘻嗡嗡歌唱着，其中一部分工蜂却在自己的蜂房前像卫兵巡视着，严守家门，提防坏蛋的来犯。按例，蜂房是难以攻入的堡垒，比如号称凶悍强蛮的熊在动物中是所向无敌的，但当它去袭击黄蜂的蜂巢时，每每被严阵以待的蜂群攻击得满身是刺，痛得抱头狼狈逃窜。

可是在黄蜂居住区内，杂居着一类蜂蝇，它们体态肥胖，外型很像黄蜂，尤其它的翅膀每秒振动与黄蜂一样也是147次，蜂蝇就藉此去蒙骗对方。它夹在蜂群中混过岗哨溜进了蜂房，到了蜂房遇到了蜂王，它就模仿黄蜂的声音，哄骗蜂王，蜂蝇利用这种“拟声法”把蜂房当作旅馆，以蜂蜜为甜美的食品，美美地享受了几天的寄生虫生活，待群蜂察觉前便溜出了蜂巢。

“拟光伪装”的妙趣

萤火虫的种类不同，它们的发光系统成了一系列的“灯语”，由于种类不同，灯语也不同。美国佛罗里达草原上的萤火虫里，雄虫为了得到雌虫而“灯语对话”，雄虫之间由此展开了一场争夺雌虫的“灯语”战。佛罗里达的雄性萤火虫除了会模仿雌虫喜欢的光亮外，还会插入一对正在“对话”谈情的雌雄虫之间，利用它们的情语，以对方雄虫同样的信号善待雌虫，甚至把它们约会的信号也骗了过来，如果面对它的雄虫是属弱小一类，在争斗中便抓住不放把它吃掉，然后取而代之得到雌虫。

美国的劳埃德博士研究萤火虫的发光现象长达18年之久，他跑遍了许多有萤火虫的国家，发现萤火虫的雌雄之间能互相用“灯语”联络。有一种雌虫准时发出“亮、灭、亮、灭”的间隔信号，雄虫就会以“亮——灭、亮——灭”的长短“灯语”回答。随着信号飞聚到一处，结成双亲。

博士又研究发现了萤火虫的色彩伪装。在美洲有一种萤火虫，身上有两盏“灯”，一盏长在头上，是红色的，另一盏长在尾端，是绿“灯”。每当与外界萤火虫接触时，它们各自就按需随意开关两盏灯。在和敌害相遇时，就亮出红灯，一方面以红色警告敌人，告诫它不可接近，否则葬身火热的灯上，另一方面则以此报信，告诉它们此处有敌情，这样同种萤火虫就会退避三舍或作好战斗准备。每当雄虫控制了这个地区或没有险情时，表示四周环境安全，它就亮出了“绿”灯，在太平吉祥的乐园里聚而欢飞。

神通广大的触角

在五彩缤纷的大自然里，为数达150万种的昆虫，从不会认错自己的亲生父母、同胞手足。这种现象引起昆虫学家极大的兴趣：它们是靠什么来辨认自己的父母兄妹呢？

万能的“天线”

原来，昆虫头上的一对触角帮了它们的大忙。由于触角的“神通广大”，所以外国人甚至把触角与无线电的“天线”用同一个英文词Artenna来称呼。

不同的昆虫，“天线”的用处是不一样的。一些蛾类是靠“天线”来收集异性发出的信号，寻找伴侣。例如雌性蛾子只要从它的腹部分泌出0.005～1.0微克的性信息素，通过空气的传播，就能被远近的雄蛾的“天线”接收到，雄蛾随即纷纷赶来“赴约”。科学家曾试验将一群雄蛾在翅膀上涂上油漆标记后，在下风处从一座城市建筑物的楼上释放，结果发现这群雄蛾毫无困难地一一回到了雌蛾身旁。用黏虫、苹果小卷叶蛾、灯蛾等鳞翅目昆虫的雄虫做试验，也可看到它们不畏路途艰险，勇往直前地去“赴约”的情景。

有些雄蛾的触角不发达，便用艳丽的姿态及它的性信息素来传递

“秋波”。而雌蛾的触角则非常灵敏，感受到性信息素后立即行动，只不过有点“羞羞答答”，用微妙的动作向雄性靠近，然后触角左右抖动，表示爱意。有的雌蛾用触角去“亲吻”雄蛾的足尖，有的则会扇动起翅膀，跳着环转舞蹈去邀请雄蛾欢舞。

有些昆虫的触角还可充当联络工具。有一种名叫千里达的蝴蝶，每到春末夏初，便组成庞大的远征军，从过冬的非洲向北迁飞，越过阿尔卑斯山，横渡大西洋，以每小时 36 千米的速度在 2000 米以上的空中翱翔。在迁飞途中，它们就靠须（触角的一种）充当“联络工具”，互相结伴而行。

蚜虫的触角又有它特别的用场。蚜虫嘴馋贪吃，一生只会生孩子，无力抵抗外来的攻击，但它有一种特殊本领，每当被“花大姐”——瓢虫抓住时，能立即从腹管里分泌出一种叫“报警素”的黏稠液体，散发开来告诫同伴赶快逃命。这种以微克计算的“报警素”，能被几十种蚜虫的“天线”——触角很快地接收到。另外每当瓢虫来犯时，蚜虫依靠触角便能接到其他瓢虫的气息，不等它们接近，便发出逃命的信息素或“求救”的信息素，摆脱敌人的袭击。

蜜蜂的触角用处更是多种多样。工蜂每当完成任务飞回家园时，从不走错门户，就是靠它的触角准确无误地辨认自己的家门“号码”。据说，各种蜂巢从家门散出的气味有 13 种以上的化学成分，如果有一只马大哈蜜蜂不慎走错了门儿，就有受到“邻居”严密监视和杀害的危险。

蜜蜂还会利用触角获知侦察工蜂带回的食源信息。它们还能用触角的敲打来确定建筑蜂巢的“方案”。蜂王饿了，更会以触角的奇特动作抚摸工蜂，于是一批批工蜂把采来的花蜜送进蜂王的嘴里。

许多昆虫的嗅觉器官长在触角上，因而触角的灵敏度很高。可是也有特殊情况，像蟋蟀的嗅觉器官是长在尾巴上的。蝴蝶头上长有触角，触角上生有嗅觉孔，这就是它的“鼻子”，可用它来捕捉各种气味信息。雄蝶的嗅觉孔比雌蝶要多，嗅觉功能更发达。蟑螂除了头上一对触角外，在屁股后面还有一对尾须，十分灵敏。

特异的结构

昆虫的触角从外形看，可分鞭状、梳状、瓣状、丝羽状、棍棒状等，长在头的两侧上方，活动自如。蝴蝶、蛾子、蟑螂、臭虫等的触角形状都不一样。它们的触角有如此广泛的用途，是由各自特异的结构来决定的。科学家在高倍显微镜下观察，昆虫的触角分若干节，每一小节都分布有大量感觉细胞，柞蚕有 5000 个，家蚕有 6000 个，金电子多达 5 万个。每当空气中的气味飘入感觉细胞孔中或触及纤毛时，这些感觉细胞就将信息传送到脑部。昆虫的脑部虽小，却像电子计算机那样非常灵敏。蟑螂有 3000 个毛孔的感觉细胞，对甜、酸、苦、辣都能反应自如。蜜蜂的脑重量只有几分之一克，体积比针头还要小，却能够接收信号，并给触角发出各种指挥信号。

昆虫的触角从上到下分许多节，各节都有不同的感受细胞，担负不同的“重任”。科学家发现，一旦其中的某一节受到损害，昆虫就会出现失常动作。

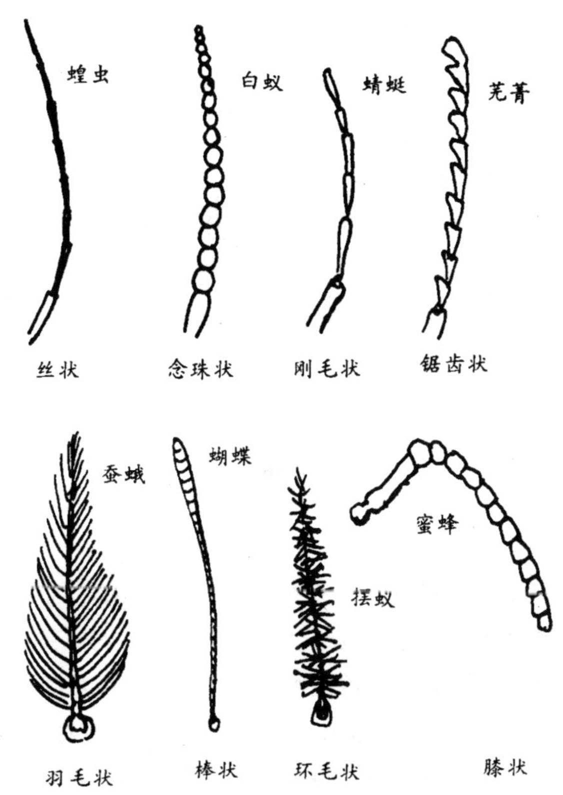

独特的用途

随着科学技术的发展，科学家已能将四百多种昆虫发出的“通讯”信息物质组成各种化学结构式，用人工合成办法制成各种“语言”激素的药剂，用来引诱那些有害的雌雄昆虫，然后加以消灭。如对棉铃象虫、玉米螟、螟蛾、皮蠹等害虫的防治，都收到很好的效果。

方法巧妙各显神通

惊人的繁殖力

对昆虫的子孙——卵，任何人都无法计算出来，因为昆虫的繁殖力大得惊人。科学家利用雷达和电子计算机算出：一对家蝇一年要产 5 亿 5 千万粒卵。白蚁的一只蚁后每秒钟可产卵 60 粒，一天产卵多达 1 万粒以上，一生能产 5 亿粒卵。一只棉蚜虫的后代如果都活着，按 150 天计算，就能繁殖 6 万亿亿个。一个地区蝗群一次大量繁殖，产卵的总重量超过 6 万吨。历史上最大的蝗虫灾害，是 1889 年红海上空出现的蝗群，估计有 2500 亿只，飞行时声振数里，遮天盖日，太阳为之失色。它们繁殖的卵，总重量达 55 万吨。1944 年我国山西省 23 个县受蝗虫侵袭，25 万人奋起灭蝗，共捕灭蝗虫 1200 多亿只。从这些事例中可以看出，昆虫卵数量之大，令人无法想象。

巧妙的产卵法

昆虫的卵虽然非常之多，但多数人难得见到虫卵。为什么？这是因为昆虫产卵的方法极其巧妙，它们把卵产在泥土、石缝、叶片背面等遮

蔽处，即使暴露在外，也由于卵体纤小，又有各种伪装和保护色，因此不易被人们发现。

各种昆虫产卵器的作用也非常有趣，它们有的善于切割，有的能够钻洞，有的利如锯齿。姬蜂的产卵器长达 15 厘米，能伸进树皮深处，找到钻木幼虫，再把卵产在它体内，靠寄生传代。也有些昆虫的产卵器像针一样尖利，能在植物上钻一个孔，把卵产在植物组织内部，那株植物既可以源源不断地给幼虫提供食物，又可以保护它不受外来侵袭。锯蝇的产卵器上长着锯齿，可以锯开植物组织产卵，使卵凭借植物组织孵化发育。

许多昆虫能够分泌一种保护液体，把产的卵牢固地粘在理想的场所，这种液体既快干又防水，使虫卵穿上了一层防护衣。螳螂能够分泌大量黏液，并用腹尖把黏液搅成泡沫，在泡间搅成一个个小房间，每个房间有一扇门，在黏液未硬化前，螳螂把卵产在一连串的小房间里，泡沫冷却变硬后，犹如一块坚硬泥疙瘩，虫卵就像住在坚固的堡垒里，草蜻蛉在草叶的表面分泌出黏液，并拉成一条比头发还细的长柄，卵就产在长柄顶部，飘在空中，十分安逸。

高超的产卵技术

前面说过，白蚁和蚂蚁产的卵是非常多的，那么它们又是怎样将子女孵化出来的呢？昆虫的卵既没有嘴巴，也没有消化食物的胃，无法吸收养分，它们大多是靠温度、湿度在体内起变化后，孵化成幼虫的。为了帮助子女出生，白蚁和蚂蚁有时候也不断地去舐这些卵，把富有营养的唾液送进卵内，使蚁卵在里面不断地发育，待身体长完全了，破壳而出，成了新生的一代。

草蛉卵的孵化也是非常奇特的：它把卵产在一根长长的丝柄顶端，待孵化时，幼虫便从顶端破壳而出，从丝上滑下来，成了初生的小草蛉。

螟虫是一种危害水稻的昆虫，它的卵孵化成幼虫后，吐出一根长丝，长丝随风飘荡，幼虫就像荡秋千一样荡到水稻叶片上，便一头钻到水稻的茎内去吸吮里面的汁液。有些生在水里的昆虫，它们的卵在孵化时需要氧气，便在卵壳上长出一个气泡，以便吸收水里的氧气，渐渐孵化。

科学灭卵

害虫的卵通过孵化成虫，又不断繁殖传代，对自然界和人类的危害极大。为了消灭害虫，科学家除了发明含有毒性的杀虫剂外，还研究以虫除虫的各种办法。例如，姬蜂、赤眼蜂、细腰蜂、金小蜂、黑卵蜂等体形细小的寄生蜂，它们以寄生在一些昆虫的卵中为生。这是因为那些昆虫的卵中有一种能起引诱作用的信号化合物，科学家用科学方法把这种化学物质溶解、浓缩、提取，喷洒在螟虫、松毛虫等害虫的卵上，引诱寄生蜂前来产卵，而害虫的卵就在一场生物信号战斗中被消灭。在这些寄生蜂中，要数赤眼蜂的本领最强了。它喜欢在玉米螟、甘蔗螟、稻

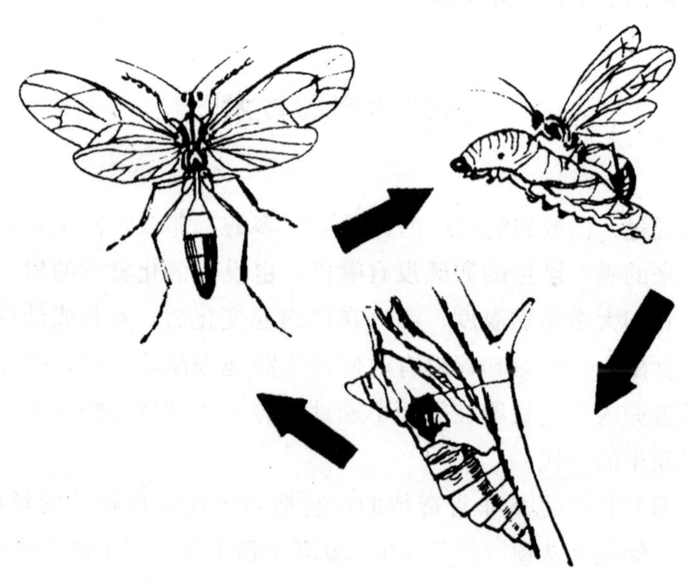

纵卷叶螟、松毛虫、苹果卷叶蛾等几十种农业害虫的卵中产卵繁殖，把害虫的卵扼杀在摇篮中。现在国内外都把赤眼蜂当作“活农药”推广使用，大量释放在田间和松林中，消灭害虫率达到 60%～80%。随着赤眼蜂使用量的增加，有些国家已进行繁殖赤眼蜂的工厂化生产。可是它们是要寄生在昆虫卵中才能生存和繁殖的，昆虫卵也一时供不应求。不久前科学家已在人造寄生卵的研究方面取得突破。他们用人工营养物和人工材料制成人造卵，用鸡蛋黄、牛奶、鸡胚液、氨基酸溶液等配制成不加昆虫物质的培养液，使赤眼蜂食后能正常产卵、孵化，一直到化蛹。这种人工卵由于材料简便易得，成本低廉，能使“活农药”赤眼蜂大量繁殖，在农村普遍使用。

昆虫——21世纪的资源

资源，已成为当前全球性最重大的战略问题之一，开发资源已成了21世纪人类赖以生存的研究方向。而昆虫几乎占了动物区系中的$\frac{2}{3}$，它必将在未来的资源开发中独树一帜。

昆虫的益与害

昆虫在地球上生存了42亿年，与其他动物类群一样，经过10亿至16亿年的演化，才形成今天多样的格局。现今昆虫的种类已超过100万种以上，我国有15万种。

昆虫是地球上一项重要的资源，自有人类以来，人与昆虫已结下了不解之缘。考古工作者证实，我国先民早在5000多年前的新石器时代，已开始植桑养蚕，在出土的殷代铜鼎上铸有蝉与蚕的图像，以示它们为食用和衣着的原料，人死后口里含的玉蝉也是以蝉为食的证据。

虽然人们把昆虫分为有害和无害两类，但这二者并没有绝对的区分。有些害虫往往在发育阶段是有害的，但到繁殖期却是有益的，而且深受欢迎。如蝴蝶的幼虫期要啃食绿叶，而到了成虫期翩翩起舞时，却艳丽动人，有的稀有种类更是国宝呢！蝉在幼虫期吸食树根的汁液，它的成虫又是药源和观赏的昆虫了。昆虫中最大的鞘翅目（俗称甲虫类），其成虫之美之奇，令人目不暇接，爱不择手。所以，从生态的辩证观念看，从人对昆虫需要看，昆虫有害部分只占百分之几，问题是人类尚未开发、区别，充分利用它们而已。

多种多样的食用方式

人类食用昆虫源远流长，近半个世纪以来，多国统计可以食用的昆虫有 200 种左右。中国有 50 种左右，其食用方式多种多样。人们对昆虫的营养成分有很高的评价，尤其对昆虫的蛋白质、脂肪、矿物质和微量元素含量及其蛋白氨基酸成分，其数量和质量之优都是公认有希望作为人类未来食品营养的一大来源。

我国食用昆虫有悠久的历史，如唐朝的唐明皇期间，在山东发生严重蝗灾，唐明皇采纳宰相眺崇的主张，力排众议，坚持发动官民治蝗。竖起了“御驾灭蝗”的御旗，亲临灾区，一边帮助农民灭蝗，一边烧起了大油锅，将逮到的蝗虫倒入油锅内氽炸，并亲自当众尝蝗，在他的带动下，全国一举灭蝗 180 多万担，又推动了食蝗。之后，尤其在北方，食蝗之战从农户推向了酒楼馆堂，经过了多种加工方式后，延续至今，蝗虫已成了酒桌上的美餐佳肴。

在日本、泰国等国，还有我国广东、福建等南方一带，称蝗虫为“飞龙”，十分喜食。他们惯用的料理是将蝗虫头一拉，肚内随即清理一空，再去翅，油炸和上调料，其味无穷。在北方习惯用盐水煮熟晒干与米混合制成粥或饼，或和在蔬菜里制成家常菜。也有的去内脏，去头，附肢煎炸后而食，非常酥松可口。日本人近年每到蝗虫繁殖季节，要从中国进口几十吨蝗虫成虫，除了食用，也用于科学研究。蝗虫胆固醇低，尤其氨基酸成分对人有补充作用，其中部分氨基酸还是人体不易产生和从别的动物体得不到的。随着科学技术的发展，人类必将能从蝗虫体内提取此类氨基酸。

现在非洲、拉美地区，已形成以昆虫为佳肴的市场。欧美一些国家，把昆虫加工成罐头，还有专门销售昆虫食品的商店，种类有鳞翅目的幼虫、蝗虫、蚂蚁、天牛幼虫、蝉的幼虫和成虫、白蚁、蟋蟀等几十种。我国北京、上海等地，曾与虫源产地联合开发，将蝉、蚂蚁加工成软罐头昆虫食品。除油炸外，还可将昆虫烘干，磨成粉掺在主食内，制成面包或饼干等。

疗效显著的现代虫药

中草药是祖国宝贵的医学遗产，而虫药是中药材的重要组成部分。古籍《周记》《诗经》《神农本草经》《本草纲目》和《本草纲目拾遗》中，记载了100多种药用昆虫。但多以滋补和治表为主，停留在原虫入药，仅经研磨、水煎等药材的初级阶段。近一个世纪以来，开始对昆虫药理方面加以研究，据统计我国具有药用价值的昆虫有300余种，现仅利用了40多种，尽管开发利用少，但在药理研究上却有长足进步，比如对斑蝥素抗癌药物的研究，已从过去原虫入药到现代用生物化学方式提取活性物质制成药品供医学应用。其他如蜂毒的药理作用、僵蚕的抗惊作用、蝉蜕的疗效、如何进一步提取虫草和蚂蚁的生化有效成分等研究，都有了进展。

近年来，蚂蚁的药用在市场上大显身手。从电视、电台广告到商店供应和上海市民购买蚂蚁制品的踊跃情景，都说明昆虫药用的作用已被人们认识和接受。据初步了解，上海一地，近年来被作为药用的蚂蚁达10吨，全国估计有40吨。蚂蚁可用的品种很多，目前主要用的是拟黑多刺蚁。如果年年按此销售数字发展，蚂蚁的繁殖又将失去生态平衡，影响某些种类的繁衍。为此，大量饲养可用性蚂蚁，已成了21世纪的任务。

药用昆虫的开发潜力极大，如名贵中药冬虫夏草，其寄生昆虫原为生长在高原山区的蝠蛾，近年在江浙平原已能人工饲养，并申请了国家专利。冬虫夏草之贵犹如黄金，已是国内外皆知的虫药。国家海关已列为保护药材。日本却在窥视我国的此类名贵品种及其研究动向，他们用重金购去，经现代生化科技分析，已从中提取出多种有用物质，而我国却处于初级提取阶段，至今从虫草提取出的含有生物活性物质的药物鲜有问世。

蝇与蚊是人类的宿敌，现也可有益于人类。二战时，军医在士兵的伤口里发现有蝇蛆在吞食坏死的腐肉，待蛆变成蝇便飞走了，伤口也愈合了。到了20世纪80年代，对蝇蛆在医药上作用的研究又悄然兴起。科研人员发现蝇蛆排泄的尿素是一种能起愈合作用的化合物，其抗菌蛋白可以消灭一切真菌微生物，具有极强的消毒作用。苍蝇的繁殖力居昆虫之首，一对苍蝇十个月可生育2660吨以上，生产周期短，潜力大。“蝇蛆蛋白”在我国已经专家鉴定。在20世纪初，欧洲流行用按蚊引发疟疾，使人体发冷又发烧，借以治疗梅毒所引起的局部麻痹症。后来研究出按蚊唾腺中的化学成分，具有抗梅毒的作用机理，是一项新的药源。

据医学上的总结，医药昆虫的作用大致有：驱风解毒，利水行气，软坚破识，熄风岂惊，活血消肿解毒，壮阳补肾等方面。

无尽资源待开发

地球上的昆虫资源如此之丰富，经初步统计大致有 10 个大类的昆虫已在为人类服务，这也是今后深入研究的课题。它们是食用昆虫、工艺与娱乐昆虫、天敌昆虫、饲料用昆虫、教材用昆虫、工业原料用昆虫、改良土壤用昆虫、医药昆虫、授粉昆虫和指标生态昆虫。

随着21世纪的到来，昆虫资源的利用，首先需解决种类和进化的研究。近年来，由于分子生物学的发展，已经采用遗传工程中的蛋白质和核酸序列来作比较鉴定，由于现代分子生物学的全面渗入，昆虫资源有如此广阔前景，它的开发和利用必然会得到国家的宏观规划和微观扶持。

探索蟋蟀“语言”的奥秘

秋夜，星月皎洁，草丛中、墙脚下蟋蟀美妙的弹奏，常引起人们的兴趣。小朋友们说起蟋蟀，总离不开一个“斗”字。如今，蟋蟀的鸣叫——它的“语言”，已成为近日来科学家探索、研究的课题。

蟋蟀从幼年、成年到老死，都用各种鸣声来表达自己对生活的欲望。

幼年的蟋蟀，尤其是雌性的小蟋蟀，它们只顾逗乐玩耍，东跳西窜，对于雄蟋蟀发出各种鸣叫声都无动于衷，即使是悦耳的歌唱，也都不加理睬。可是一旦进入成年期，“双耳”就能很灵敏地辨别出对方的声音了，这说明随着“年岁”的增长，它们的听声机能也随之完善了。

蟋蟀只有雌雄交尾时期才同穴结伴。生态学家发现蟋蟀雌雄的交往，并不是雄性主动向雌性的居室爬去，往往是雄性蟋蟀在自己的穴前不断地鸣叫，以悠扬悦耳的歌声召唤雌性的到来。欧洲雄蟋蟀一到傍晚就呆在洞口，用前足梳刷颜面，打扮一番，不断发出“嚁嚁”声。雌蟋蟀听到这种悦耳的“情歌”，从远处来到雄蟋蟀洞口，雄蟋蟀用它的触角不断地抚弄着雌蟋蟀，赢得情侣的欢心。

美国新墨西哥大学的圭恩发现一种摩蒙蟋蟀，雄的会在自己所在的灌木丛里鸣叫不停。一系列的观察和录制的音速都证明，这种鸣叫只会引诱雌蟋蟀来幽会，而从未发现有雄蟋蟀到来。如果一段时间没有雌的到来，它就不再等待，奔向另一地方去鸣叫，直到引来雌性为止。

蟋蟀不仅是一种被人们用来以“斗”为娱乐的昆虫，在自然界中它也是以好斗者著称的。它们同种也斗，异种更互不相让，不仅个体之间斗，还成群结队地斗。

蟋蟀之间争斗，都利用不同的鸣叫声音召唤同伴“兄弟”来参加成群结队地争斗。如果两只蟋蟀单独相逢时，便发出一种有节奏的“嚁——嚁——”的高亢声，盛气凌人地向对方示威。如果对手也叫了起来，那么它就越叫越响，仿佛要在气势上压倒对手。交战一开始，如果第一回合占了上风，它就叫得更激烈。最后胜利了还追着战败者逞威，“嚁——嚁——”的长鸣很久，洋洋得意地高唱胜利凯歌。奇怪的是，有时候败将也会发出几声有气无力的“嚁嚁，嚁嚁”的叫声，那是败叫，是凄惨地自

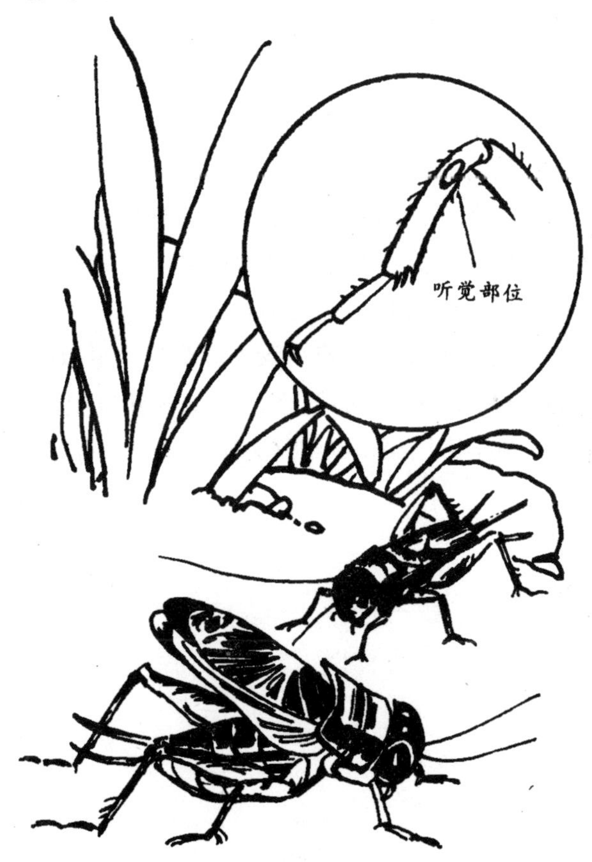

我解嘲。

科学家在研究中发现，同种雌雄蟋蟀的声波是彼此熟悉的。这是因为同种雄蟋蟀的鸣叫声频率与同种雌蟋蟀的神经感触是同步冲动的。比如有一种雄蟋蟀的歌声频率是每秒8000周，而这一频率只有刺激同一种雌蟋蟀的“耳朵”时才发生作用。

我们知道，声音有繁多的频率、强度和波形。只有用特殊的接收器，才能辨别声音的性质，正确地定出声音的方向。科学家在孜孜不倦地研究生物的各种声波中，发现蟋蟀的鸣叫声在中秋节时比初秋和晚秋时的频率高、波形长；雄性蟋蟀在夏季的声音脆嫩而有间隙，中秋时则苍劲有力，高亢、急促而抑扬；晚秋时便逐渐低沉、凄泣而无力了。雌性蟋蟀似乎一直用各种“铃——铃——”来和音，但也随着季节的变换而变换，由细声、轻柔，最后越来越颤抖到消声匿迹了。

蟋蟀的种种声音，来自它的复翅。但显微镜下可以看到，在右翅膀的基部有一个像锯条那样的音锉，上面整齐地排列着 150 多个三角形的齿，它就像提琴的弓。而在左翅的边缘，有一个可以刮击的利器，它具有琴弦的功能。蟋蟀的鸣叫，就是用右翅的“弓”不断地摩擦左翅的“琴弦”发出的。蟋蟀的腿上长着一双“耳朵”，可以收听到同类发出的声波曲调。这些发声和收音的器官，都是各种组织细胞在发挥着微妙的作用。如今，科学家已深入到细胞去探索蟋蟀“语言”的奥秘了。

苍蝇身上的毛

苍蝇，人们熟悉它，讨厌它，但都没法消灭它。

常常拍打不到苍蝇，为什么?

对付苍蝇，平时人们除了用杀虫剂外，常会用身边的书本、报纸，甚至用手去拍打，可是刚拍下去，苍蝇就逃之夭夭。它随即在任何一个地方停下来，向你“示威”。一气之下你又去拍，三拍两打之下就无能为力了，如果改用苍蝇拍就比较容易把苍蝇拍死，这是什么原因呢?

科学家研究了昆虫的各个部位，发现凡是能飞的昆虫，人们如去拍打或稍有惊动，它们就立即飞走，苍蝇也属此例。原来，在显微镜下面发现苍蝇有许多感觉毛，如果统统拔掉，它在空间中照样会飞，走动自如，那时任你用手中什么器具都能捕捉或拍打死，这是因为它们失去了感觉毛，也随之失去了对外界的反应。

苍蝇在感觉毛的帮助下，能探测周围的动静，飞着逃跑就是一种反应，你用报纸或书本去拍打，这时会产生一种突如其来的气流，苍蝇身上的感觉毛能灵敏地觉察到，瞬间就溜之大吉，而用蝇拍去拍打，气流通过小网眼向上跑，使蝇拍下面的气流压力不会突然增大，这就减少了气流对感觉毛的振动，苍蝇在不知不觉中就被打死了。

毛的各种功能

科学家发现，昆虫的感觉毛上有密集的感觉细胞，这些细胞又与头部简单的有效的神经相联系，它们组成了一部微型无震器。于是就如电子计算机那样，能接连不断地处理外界的信息，在0.001～0.002秒的间隙内就能起传导冲动作用，指挥昆虫的行动。

苍蝇的皮肤上也长有多种感觉毛，它们停留或在飞行中，这些感觉毛既能“品尝”脚下佳肴的滋味，又能对空间周围的温度、湿度和气流作出及时的反应。

苍蝇怎样嗅闻特殊气味或发现脚下腐败的粪便和霉馊的饭菜？原来，苍蝇头上有一对触角，触角上由许多灵敏的嗅觉毛组成了嗅觉感受器，每个感受器有个小孔，里面有成百个神经细胞，神经细胞能灵敏地对空气中飞散的化学物质作出反应，即使食物离得很远，它也能顺着微乎其微的气味很快地发现。

除了头上有感觉毛，苍蝇的口器、腿脚上都有无数的味觉毛，在食物上稍舔或踩一下，等于已品尝到味道，就很快知道食物是否适合自己的胃口。味觉细胞各有各的任务，有一种味觉细胞对发酵过的糖类很敏感，信息传到脑神经，指挥苍蝇去接受“美餐”，另一类味觉细胞对盐类、强酸类物质很敏感，苍蝇很快会避开。

昆虫都有的法宝

美国科学家对各种昆虫都做了研究实验，发现所有的昆虫都有灵敏的感觉器，感觉毛就是其中一种。比如蟋蟀腹部末端附器上的毛，它接触到地面的时候，就能察觉地面颤动的情况，当你在走动或触碰周围的杂草或碎石时，它早就弹跳着溜走了，不容易逮住它。刺毛虫身上的毛，一旦降落在人体皮肤上，毛的细胞还会活动一段时间，此时会钻到你的皮肤里去。再如，蟑螂的触角、尾须和腿关节上的神经节，对周围气流的变化也十分敏感，你如果打开电灯，尚未走过去，它已流星般逃循。

蜜蜂身上的法宝

我国劳动人民驯养和利用蜜蜂，有着悠久的历史，然而对蜜蜂的蜂毒及其防治、利用，却是近代医学研究的课题。

和睦的大家庭

蜜蜂在全世界约有 20000 种，其中已记载的有 12000 多种。在昆虫分类上，分为东方蜜蜂和西方蜜蜂及其许多变种。我国蜜蜂属东方蜜蜂，据估计有 3000 多种，常见种类 106 种。东方蜜蜂一般称中蜂，北方蜂又比南方蜂大。

蜜蜂是群栖性昆虫，每一群蜂，都是由一只母蜂、几百只雄蜂和上万只工蜂组成。母蜂就是蜂王，它只管繁殖。雄蜂只管交配，没有毒腺和螫刺。工蜂是一种生殖系统不发达的雌性蜂，专管采蜜、酿蜜、喂饲幼蜂、筑巢及防御等，它的腹部呈圆锥形，末端尖细，有毒腺和螫刺。它们各守其职，在大家庭中和睦相处，一旦受到敌人侵犯，工蜂就群起而攻之，它们的武器就是螫刺和毒囊。

蜜蜂的螫刺非常厉害，它能排出毒汁，是用来自卫和攻击敌人的锐利武器。螫针一旦被折断了，就会发出一种信号，激励群蜂勇敢地抗击“敌人”。

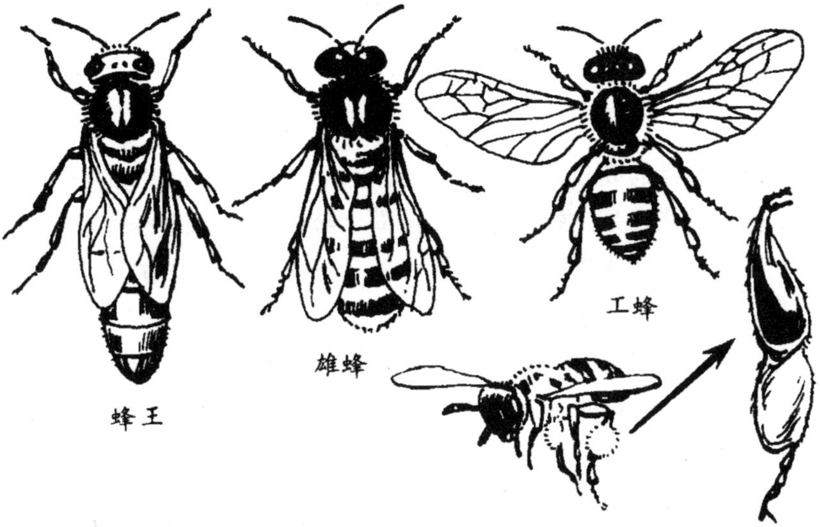

蜂王　雄蜂　工蜂

成分复杂的蜂毒

动物中有毒的成分是多种多样的，医药上归为血毒素和神经毒素两大类。蜜蜂的蜂毒是工蜂的螫刺在杀向“敌人”时排出的毒汁。蜜蜂的螫刺上有一排排的倒钩，螫针上有毒腺和毒囊，在与对方搏斗使用螫刺时，毒腺中的毒液就注入对方的皮肤里，螫针器官上的神经节使肌肉自动收缩，驱使螫刺更深地扎入皮内，毒囊里的毒液便继续流入伤口。

蜂毒是透明微黄的液体，有刺激性，略带苦味而清香，遇酸碱也不易变质。蜂毒加热到100℃后经过10天也不会变质；在冰冻条件下也不减毒力，甚至有杀菌作用；在密封条件下能保藏数年而不坏，所以是一种比较稳定的物质。

蜂毒的成分是多方面的，它既含有麻痹神经的胺类化学物质，也有能引起疼痛的肽类化学物质，以及其他各种微量元素。如果使用不当，会使肌肉麻痹，心脏强烈收缩或停止，血压在短期内降得很低。

蜂毒的危害和防治

世界上因蜂毒而引起的事故时有发生。有一种非洲蜂，它性情暴烈，毒性大，又好斗。到了巴西后，它们与巴西蜂杂交，产生了一种毒性极大、繁殖力强的杂种蜂，结果人们一不小心惊扰了它，常被群蜂袭击。一位女教师在回家路上，顺手将降落在手背上的一只蜂打死了。顷刻间，数百只杂种蜂将她包围起来，不停地攻击，在她身上螫了数百处。人们发现后急送她到医院，但不等医治她就死了。在另一地方，一只警犬发现有一群蜂正在攻击它的8岁主人，便勇敢地扑上去把群蜂引开，虽然男孩得救了，但这只机敏的警犬却被群蜂活活螫死了。在巴西，10多年中因蜂毒而死的达200人，是世界上蜂害之冠。

当然不能因此“谈蜂色变”。据科学家研究，健康的人能同时经得起10只蜜蜂的螫刺，只引起局部反应；如果同时受200～300只蜂螫，可能出现肌体中毒、心血管紊乱、呼吸困难、面色青紫、神经麻痹等症状；如同时遭遇500只蜂螫，可能致人死命，当然这种现象极为少见。一般的情况是，被一只或几只蜜蜂螫伤后，螫伤处就剧痛红肿、灼热，或形成水泡，数日内即可痊愈。

蜂毒致命的原因，多数在于过敏反应。人们对蜂毒的敏感性各有不同，据统计，大约有20%的人对蜂毒敏感，其中妇女、儿童和老人的敏感性较大。对蜂毒特别敏感，受一只蜂螫后就导致死亡的人，仅为五亿分之一。

一旦被蜜蜂螫刺后，必须立即把螫针拔去，因为螫针留在皮内的时间越长，进到伤口里的毒液就越多。随即要吮吸出毒液，同时挤压伤口周围的皮肤。然后用冰水敷护螫伤部位。再用70%～90%的酒精，或用5%～10%碳酸氢钠溶液（肥皂水）或3%氨水（阿莫尼亚）溶液涂擦患处。如是过敏患者，出现心脏和神经异常，可服40%酒精溶液或25～50克的酒精加蜂蜜的合剂。蜂螫伤中毒，多数是由于在养蜂场、林区、果园工作或玩耍，不慎触惊了蜂窝而引起的。因此千万不要去捅蜂窝。

利用蜂毒　造福人民

从古埃及文化时期起，人们就运用蜂毒治病。1861 年，俄国科学家阔姆斯基发表了第一篇关于蜂毒治疗风湿病的论文。近几十年，研究蜂毒的国家和使用蜂毒治疗的病种已日趋增多。目前，蜂毒不仅用于治疗风湿性疾病，而且还用于治疗血液循环系统障碍、神经官能症、口腔病、皮肤病等疾病。科研人员曾用蜂毒治疗51名急性神经炎病人，结果90%的人痊愈了。有些国家用蜂毒治疗心血管疾病如高血压、心绞痛等，均有疗效。

世界各国正在深入研究蜂毒的利用。加拿大已设立了蜂毒治疗中心，对风湿性疾病的治疗取得了很大的成绩。各国用蜂毒作为主要原料的制剂有“蜂毒软膏”“蜂毒灵”“蜂毒素”等。日本科学家已从蜂毒中提取出一种对昆虫神经起阻碍抑制作用的药物，可以使昆虫失去活动能力，而对人畜没有伤害作用。现在，他们正计划以苍蝇为实验对象，利用蜂毒达到防治苍蝇的目的。我国已成立了养蜂业的专门学会，以及蜂产品医疗专业组，专门研究蜂毒产品的应用问题。

从虫体里找“农药”

20世纪60年代，世界各国都发现化学杀虫剂越来越不灵了。这是什么原因呢？科学家做了一个有意义的实验。用同样的DDT剂量，10年前能杀死5万只苍蝇，10年后连几只苍蝇都杀死不了。原先每亩（1亩≈666.7平方米）用0.75～1千克6%浓度的666，就能消灭95%的水稻大害虫——三化螟，后来药量增加到每亩2～3千克，效果也不如以前。害虫对常用的农药已习以为常了，它们产生了抗药性。

据联合国粮农组织统计，由于害虫对化学农药抗药性的增加，全世界每年生产的粮食有 40％被害虫吃掉。因此，进一步探索治灭害虫的新途径，成了当今科学家的紧迫课题。

新的发现

20 世纪 30 年代，德国科学家布特南特发现，昆虫体内存在一种性信息素。当他从 50 万头雌蛾子中分离出 12 毫克的性信息化学物质后，把它释放到空气中，方圆 4 千米内的雄虫都成群地飞来寻找雌虫的踪迹。

这一发现，立即引起了世界各国科学家的重视。经过许多科学家反复的研究试验，证明确实可以用这种雌性信息物质来引诱雄性害虫，待把害虫引聚到一起后，就可以轻易地大量消灭它们。

现在，利用昆虫性信息物质，成了一种有效的诱虫手段。至今已确定了200多种雌性和60多种雄性信息素的化学物质，其中有30多种已经能够用人工合成方法大量生产。这就为进一步防治害虫，促进农业发展提供了条件。

巨大的威力

昆虫性信息素威力很大，只要有几微克（1克＝100万微克）剂量的雌性信息素，就可引诱方圆几千米内的雄性昆虫。原来静止的雄虫一旦嗅到雌性信息素，就会立即显出局促不安，头上的嗅觉器官——触角就会像“雷达”的天线那样，不停地转动，寻找雌性信息素的发源地。

科学家在研究棉花的大害虫——红铃虫时发现，在自然环境中，红铃虫雌虫在准备交尾之前，先释放出性信息素，这种性信息素迅速挥发，在空气中形成一条性信息带，雄虫一发现性信息带，便会逆风追逐雌虫进行交配，而后雌虫产下受精卵，繁衍后代。

美国不仅在本国的棉田，还在墨西哥、巴西、东南亚国家等大面积的棉田内进行试验，引诱到了大量的雄性红铃虫，收到了良好的效果。我国科学家曾在 6000 亩棉田进行大面积试验，结果诱杀了大量的雄性红铃虫。雌虫找不到雄虫交配，后代就大量减少。棉花受害率下降了，产量得到大幅度提高。

1971 年在英国的英格兰地区，大批树林遭到舞毒蛾侵袭，树叶被扫荡而光，树林变成了秃林。由于性信息素的发现，人们将 0.000000001 克的微小剂量雌性舞毒蛾性信息素放在搜捕装置中，就把方圆 3 千米内的雄舞毒蛾招引来一齐消灭掉。

科学家还发现，一张吸附着雌性信息素的滤纸，对几千米内的雄虫同样有诱惑力。美国科学家把苍蝇的雌性信息素涂在用模拟材料做成的假蝇上，当雄蝇感受到这种刺激物质的信息时，便跳到假蝇背上，作出

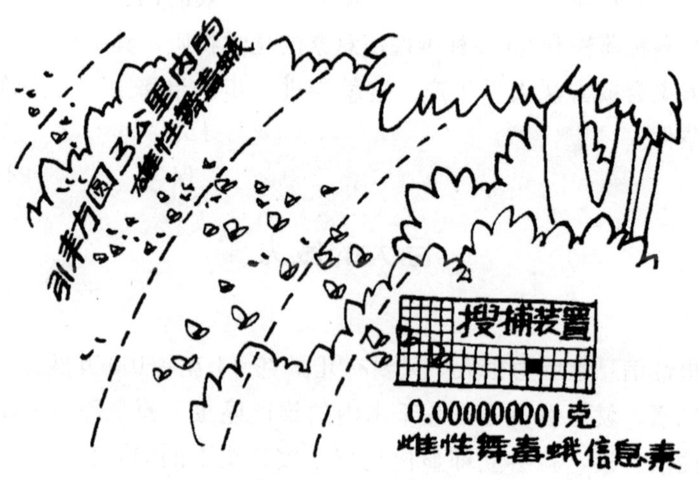

与假蝇交配的姿势。

农药库的新秀

为了提取昆虫的性信息素，科学家们做了很多试验。最早是把含有性信息素的昆虫尾部末端的腺体取下来，经研磨和化学分离，把其中有用的物质提取出来。然而，这是一种粗糙的带有大量杂质的物质。而且为了得到几微克昆虫性信息素物质，就要从几万只昆虫身上去提取，要作为“农药”广为使用是不现实的。近年来由于生物化学技术的发展，昆虫性信息素的提取脱离了从虫体提取的方式，而是采用人工化学合成的方法生产昆虫性信息素。现在，世界各国都在争相研制各类昆虫的性信息素，它们已成了未来农药库的新秀。

如何使这种新农药扩散到空气里呢？科学家试制出了各种扩散剂型，有的放在尼龙纱上，有的放在塑料薄膜夹片上，也有的做成微型球或微型小管，让这种化学物质慢慢扩散在空间。美国生产了一种塑料做的纤维线，它像头发丝那么细，一端开口，一端封口，里面装上100～200微克性信息素物质，然后，将纤维线混和在黏胶里，从空中喷洒在植物的枝叶上，纤维线就牢牢地粘附在枝叶上，像一只假雌虫，用极缓慢的方式释放性信息素，不断地召唤雄虫来“赴会”。结果雄虫找到的绝大部分是假“对象”，而真正的雌虫因为不能获得交配而减少了繁殖机会，或遇上农药被消灭，从而达到减少和消灭害虫、保护农业生产的目的。

治蚊探秘

谁都讨厌“嗡嗡”叫的蚊子，每当春夏季节，它们大量孳生繁殖，传播疾病，危害人的健康。在水旱灾害后蚊虫尤为猖獗，人们谈及蚊虫无不皱眉叹苦。由于蚊子的危害，目前世界上每年有3亿～5亿人因被蚊虫叮咬而患疟疾，仅非洲一地，每年有 250 多万儿童因疟疾而死亡。另一方面，各种各样的灭蚊杀虫剂因为蚊虫具有抗药性而越来越不灵了。为此，各国科学家正致力于研究新的治蚊方法。

以声灭蚊

生物学家发现，蚊子的“耳朵”辨别能力相当惊人。雄蚊的“耳朵”就是头部二根极灵敏的触角，在细如丝状的触角上又丛生出许多刚毛，每根刚毛上都有密集的感觉细胞，仿佛像“雷达天线”一直在探测各种声波。每当雌蚊翅膀震动时，便会发出一种轻微而尖锐的声波，雄蚊触角的感觉细胞接收到这种声波后，便会立刻报告脑部的神经“指挥”细胞，于是雄蚊迅速飞到雌蚊那里“赴约”。

针对雄蚊的这种行为，美国科学家做了一个实验：一种特制的金属片，通电后使金属片颤动，发出嗡嗡的声音，结果大批雄蚊纷纷飞来。金属片所以能招引雄蚊，说明金属片发出的声波与雌蚊翅膀震动的声波

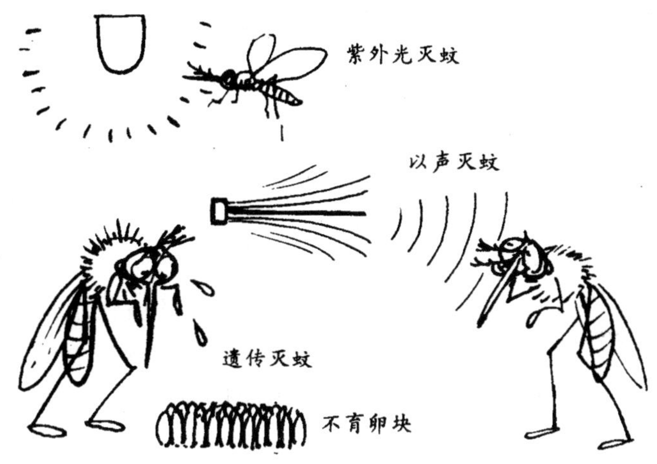

是一致的。他们还经过许多实验，证明雌雄蚊子在声波上是一致的。于是，科学家模仿雌蚊所发出的声波频率，研制出电子诱捕器，以引诱雄蚊自投罗网。

以光灭蚊

近几年来，研究家们又从光波的角度对昆虫作了探索，发现不少昆虫的眼睛不仅能感受可以见到的光线，而且能感受到人的眼睛看不见的光线。有一种短的紫外光线，人眼是看不到的，可是蚊虫能看到，因为蚊虫的复眼视网膜上，有一种叫视杆的感觉细胞，它有一种视色素，对于紫外线有很强的敏感性。蚊虫就是利用自己特殊的复眼，发射“紫外雷达”来探测周围环境，寻觅食物或约会。

科学家们投蚊虫所好，设计了一种利用紫外光波来大量诱捕蚊虫的仪器。我国生产了一种适用于郊外空旷地区捕蚊的紫外光灭蚊灯。它在蚊子活动高峰的季节，一个晚上可诱捕到几十万只。为了便于家庭灭蚊，又设计了一种家用电子灭蚊灯，简便可靠，灭虫效率高，对人的身体和眼力都没有不好的影响，这些防治蚊子的有效手段将普及推广到城乡医院和家庭使用。

遗传灭蚊

“种瓜得瓜，种豆得豆”。蚊虫也一样，他们的后代总是继承了上一代的各种本能，这就是遗传。为了消灭蚊虫，科学家经过反复研究，发明了破坏蚊虫遗传的科学方法，让蚊虫不能传种接代。这就是遗传灭蚊的新科学。

说起来你也许觉得奇怪，遗传灭蚊先要建立一个蚊虫工厂。在这种工厂里，用仪器先将雌蚊和雄蚊自动分家，而对雄蚊专门饲养。科研人员用辐射、化学药物、两种不同种的蚊虫杂交等办法，促使雄蚊身体中的遗传物质发生变化，使它的精子中的染色体分开、断裂，又人为杂乱地掺合在一起，改变雄蚊遗传物质原来的排列次序，以致形成“乱了套”的精子，造成下一代的子孙不可能再生育，或者成为失去活动能力的“畸形儿”。

我国和世界许多国家的科学家都在作这方面的进一步研究，获得了丰硕成果。美国昆虫专家在佛罗里达州一个海岛的工厂里，饲养了4万多只遗传不育的雄蚊，然后将这些不能生育的雄蚊，群放到自然界中与雌蚊交配，结果雌蚊产的卵块，有 85％不能孵化。他们又在萨尔瓦多的一个湖边，进行了大规模的试验，释放了 436 万只不育雄蚊，结果野生蚊虫的繁殖受到了抑制而逐代减少，几个月后只捕到了一只不育雌蚊，几乎达到了全歼的辉煌目标。印度科学家在德里附近一个村庄，每隔一天释放 8 万多只不育雄蚊，4 个星期后采集 100 多个卵块进行观察，发现95％是不育的。

蟑螂新说

蟑螂在地球上生存已有3亿多年。它品种繁多，有3500种。由于繁衍成了一个大家族，它们已从昆虫纲直翅目中分离出来，单独分类为蜚蠊目了。

蟑螂头上有一对触须，犹如两根灵敏的“拉杆天线”。“天线”上有2000根刚毛，这些刚毛的毛孔，对盐、糖和酸类都能作出反应，能嗅到仅为雾滴一百分之一的分子气味。蟑螂就是依靠它来探察各种食物和寻找配偶约会的。

蟑螂的“屁股”后面，还生有一对尾须，是性能特异的感震仪，能测知地面和空气的微弱震颤，可使蟑螂在0.054秒的瞬间，对外界迅速作出反应。这种感震仪能使蟑螂探测到人的脚步声，所以每当我们见到蟑螂要抬手去打时，它已逃之夭夭。

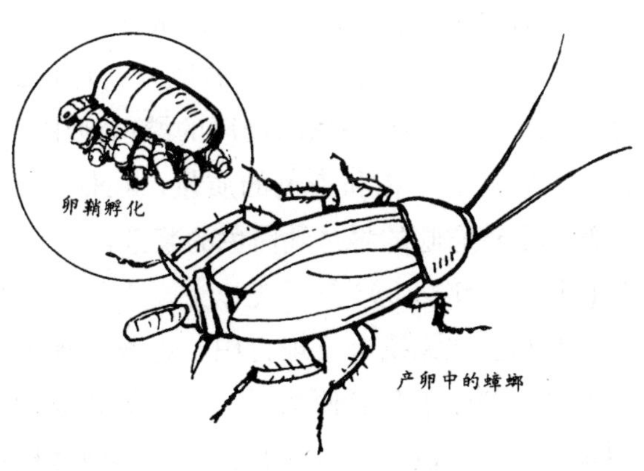

产卵中的蟑螂

蟑螂样样都吃，除了各种食物外，还喜吃排泄物、痰、垃圾、纸张、书籍等，特别喜欢吃淀粉、油、糖、瓜果和蔬菜。如果缺乏食物时，胶水或肥皂也能充饥。凡经它吃过

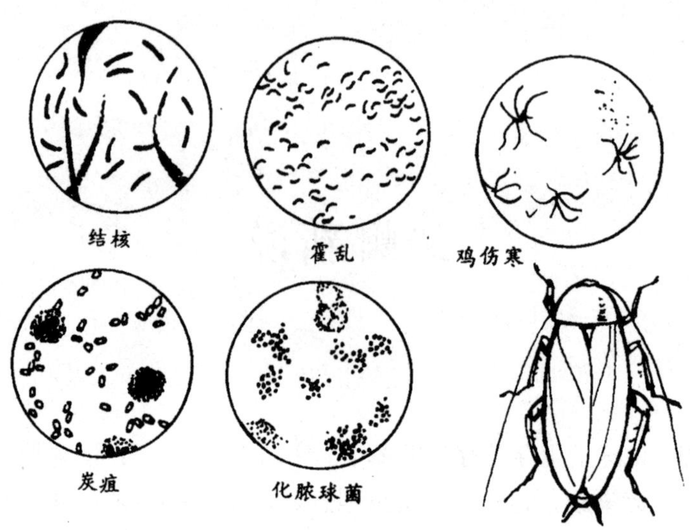

的东西，都留下粪便和难闻的臭气。它还是传染疾病的元凶。据科学家统计，蟑螂的体外和消化道内，就附有13370个细菌。霍乱菌能在蟑螂的消化道内繁殖，化脓球菌、结核菌、炭疽菌和鸡伤寒菌等病原性细菌能附在蟑螂的口器、触角和体躯上。随着蟑螂的活动，到处传播疾病。某城市曾对117户住户做了一次调查，结果发现家家都有蟑螂“驻扎”，受害率高达64.1%，其中咬损占40.5%，粪污影响占39.1%，臭味影响占20.4%。由此而传播的疾病便无法统计了。

蟑螂对工厂、商店的危害也很惊人，尤其是食品工业、纺织工业之类的工厂，更是它兴妖作怪的地方。对102个厂商单位进行调查，受害率达30.4%。例如一家印染厂的漂白池中，因为有蟑螂粪粒在漂浆液中溶化，影响了印花和染色的质量。在棉纺厂的调浆车间里捉到的蟑螂，经解剖发现它吃的尽是乳白色的浆液，每只含量竟达0.5克，计算起来，耗损粮食每年达500万千克以上。在乐器商店里，蟑螂将胡琴的蛇皮和弦线咬损。在无线电修理行中，也曾发现收音机、半导体的元件线圈被蟑螂产下的卵鞘和粪便沾污，经过氧化腐蚀后，使线路断落。更令人触目惊心的是，最近美国从波音747大型客机中也发现了蟑螂，它们迅速蔓延，常常在各种仪表、导线中钻进钻出，影响仪器的正常运转。

许多年来，人们用芳香药物来防治蟑螂，但现在已收效甚微。为了对付这些可恶的东西，国内外学者正在致力于研制新的防治方法。科学家发现，昆虫都有一套自身编造的外激素和内激素。外激素是一种信息物质，它能在昆虫之间成一套“化学语言”，即联系信号，以便寻找食物，选择对象，鉴别敌友。我们能不能利用这种外激素来防治蟑螂呢？

美国、荷兰科学家已经在这方面取得了成果。他们先后从雌性蟑螂中分离出一种能够引诱雄性蟑螂的物质，被命名为蟑螂酮 A 和蟑螂酮 B。用 1 微克（百万分之一克）的含量，放在 12 米外的上风处，就可以诱来大批雄蟑螂，达到聚歼的目的。他们经过不断研究，已能用人工合成方法生产这种蟑螂酮了。

日本的科学家后来居上，他们从带薄荷味的香料植物中，发现一种与蟑螂的雌性信息素相同的物质，能用来引诱雄蟑螂。这种物质可以简便而廉价地合成，便于工厂生产。

一般生物机体的生长发育，与一种内分泌的物质有关。比如人的脑垂体分泌过多或过少，就会变成巨人或矮子，分泌正常，生理发育也正常。昆虫也如此。美国昆虫学家从这里得到启示，正在研究一种控制城市蟑螂繁殖的变体素，将蟑螂的“幼年”的激素“固定”在蟑螂体内，使蟑螂不能生长发育。用这种变体素来消灭蟑螂，比我们目前用杀虫剂要有效上千倍。

另外，昆虫学家还发现有一种叫瘦峰的寄生蜂，它虽然长得又长又瘦，但有非凡的本领，能够找到蟑螂隐蔽在缝隙处产卵的地方，像追捕猎物一样，在蟑螂的卵身上寄生。大量繁殖这种“瘦蜂”，也可以有效地消灭蟑螂。

小茧蜂打败大菜白蝶

小茧蜂打败大菜白蝶，在自然界里是件非常有趣的事情。

蝴蝶常被当作歌颂赞美的对象，它那艳丽缤纷的色彩被人们采集后做成标本欣赏，倍受爱惜。大菜白蝶和自然界里所有昆虫一样，它的一生就是从卵里孵化出幼虫，幼虫变成蛹，蛹又变成会飞的大菜白蝶。它的翅膀挺大，在空中翩翩起舞，像白色的花瓣，飘忽着卖弄各种舞姿，惹人喜爱。大菜白蝶虽然奇美，但它的幼虫却非常丑恶，是人类和庄稼的大敌，在幼虫阶段就以蔬菜为“粮食”，危害极大。

在菜园里的大菜白蝶幼虫，就是吃蔬菜的“大王”，它吃蔬菜的本领可大呢，譬如卷心菜、大白菜、青菜等会被它一层一层地吃到菜心里面，一颗大白菜的叶子被咬得千疮百孔，像网状的大球，好好的菜被它们糟蹋得不成样子，造成产量急剧下降。

小茧蜂并不是蜜蜂，因为由幼虫变成蛹，像只茧子，所以叫小茧蜂，它是昆虫世界里有名的寄生蜂，专门寄生在害虫的身体里，是一种有益的昆虫。小茧蜂是一个大家族，家族里有长相各异的兄弟姐妹，姓名可达千万种呢！不少小茧蜂个子非常矮小，有的简直像针尖那么一点儿，小得几乎观察不到。

小茧蜂繁殖后代的方法很奇特，雌小蜂必须先寻找到蝴蝶和蛾子的幼虫，才能把自己的后代安置在它们的身体里面，所以小茧蜂飞到菜园里，首先寻觅的对象就是大菜白蝶幼虫。它头上那对触角作用可大呢，有类似雷达天线的作用，能随时收发情报，一旦发现对象，它就像直升飞机那样降落到大菜白蝶幼虫的身旁，大菜白蝶的幼虫一旦遇上了小茧蜂，犹如大象遇见了老鼠一样死路一条，因为大象的鼻孔被老鼠钻进去后，一点办法也没有了，被置于死地而一命呜呼！而小茧蜂的特殊本领，可以在大菜白蝶幼虫身体里面产卵，发育繁殖，达到以小制大的目的。

大菜白蝶幼虫对这位不速之客——小茧蜂的突然降临完全无动于衷，两者体积相比，前者宛如一块大石，后者犹似一粒细沙，小茧蜂非常灵敏而活跃，用它的触角完全能嗅到大菜白蝶幼虫身体上散发的气味，它轻手轻脚地，不慌不忙地用细足踩在大菜白蝶幼虫身上，它摇摆着触角，同时探测着，以识别哪些是大菜白蝶幼虫以及身上最薄弱的防线。

侦察好以后，一闪间它就跳到大菜白蝶幼虫的后背上，幼虫感到背后一阵痒痒，怪不舒服的，此时它立即抬起头和胸部，突然转过头来迅速抖动着身体，对着小茧蜂，喷出了一大滴带泡沫的绿色唾液，这种唾液就像战场上的化学武器，威胁着小茧蜂的生命。

这突然其来的反击，使站在幼虫身体上的小茧蜂仿佛感到了地动山摇，如不及时逃避，就有从幼虫背上摔下来的危险，而且那一大滴绿色的唾液足足可以把小茧蜂“淹死”，因为它的身体只不过针尖那么大啊！实在小得可怜！在这千钧一发之时，小茧蜂为了躲避强敌，当机立断，急速地飞到了远离幼虫的地方。

经过前一次的尝试，小茧蜂侦查到了大菜白蝶幼虫的薄弱部位，然后以惊人的速度一下跳到了大菜白蝶幼虫的头、背之间，用细细的尖针——产卵管，迅速而又准确地刺进了幼虫身体里，一刺再刺，每刺一次就产下几十粒卵，而大菜白蝶幼虫呢，顿时感到有异样的东西在颈、胸之间蠕动，它立即想再一次回击小茧蜂，但头部已碰不到前面的背、胸部的位置，真像下巴碰不到颈项一样，已无能为力了。小茧蜂趁势把成百个“儿女”安顿下来，完成了生儿育女、传宗接代的任务。它仿佛用自慰的语气喃喃地说：“孩子们美美地睡吧！待你们孵化后，放开小嘴吃吧！将来长大了，也要像妈妈一样，努力消灭害虫”。于是就离去了。

一天天过去了，小茧蜂的卵在大菜白蝶幼虫的身体里陆续孵化成小茧蜂幼虫，小茧蜂幼虫就地取食，一点一点地品尝着大菜白蝶幼虫的内脏，直到吃得一干二净。又过了一段时期，小茧蜂幼虫发育成熟，它钻出大菜白蝶幼虫的皮肤，在皮肤表面结成一只小小的小茧子，这就是小茧蜂的蛹。又隔了一段时间，蛹中钻出了会飞的小茧蜂成虫。这时的大菜白蝶幼虫的行动已变得迟缓了，很少吃东西，体色由绿转黄了，身体骨瘦如柴，最后，它奄奄一息死去了。小茧蜂终于打败了大菜白蝶，赢得了胜利，它们又去接受新的战斗任务了。

蚕宝宝的新贡献

我国唐朝诗人李商隐有句著名的诗句“春蚕到死丝方尽”，这是对蚕宝宝一生的写照。蚕儿吃的是桑叶，吐的却是晶莹闪亮的银丝，可以织成各种美丽的绸缎。随着现代科学的发展，蚕宝宝的功绩何止是吐丝呢，它还在为人类不断作出新的贡献哩！

不用桑叶饲养的蚕

中国是世界上最早养蚕的国家，也是种植桑树最多的国家，自古以来，蚕宝宝吃的食料离不开桑叶，但种植桑树必须占用大片土地，投入大批人力。

为了更大规模发展蚕丝业，研究色、香、味俱全的人工蚕饲料，成了科学家们的一个重要课题。我国的科技人员发现，蚕丝是由蚕体内的生理器官——丝腺体所产生的，丝腺体需要大量含有甘氨酸和丙氨酸为主的蛋白质饲料，才能发育产丝。家蚕专门要吃桑叶，别的叶子不爱吃，原因是桑叶中含有这类蛋白质成分。所以在家蚕的人工饲料中首先必须含有足够的氨基酸成分。

日本科学家又发现桑叶含有特异的香气，它是由柠檬醛之类的化学物质组成的，蚕宝宝的嗅觉器官对这种香气特别敏感。桑叶中的蔗糖、肌醇等，更是刺激蚕宝宝“开胃”的美味佳肴，还有使叶片青翠的桑色素和黄酮色素。家蚕吃这种色、香、味俱全的饲料才能吐丝。

日本和中国根据以上的研究和发现，已经研制出含有10多种成分的人工饲料，现在已从试验进入了实用阶段。日本市场上出售的人工饲料，有湿的、粉状的、干体的，已在日本45个都、府、县中得到推广，用来饲养幼龄蚕，使古老的养蚕业发生了根本性的变化。

从橄榄状到平面茧

蚕宝宝吐丝结的茧，就像一只橄榄。蚕茧送到工厂经过加工处理，经过缫丝、织绸和印染，便成了轻盈细柔、五彩缤纷的丝织品——绫、罗、绸、缎、绢、纱、绉、纺，它们像春天的花朵那样艳丽多姿。

现在，丝织品除精纺的仍用橄榄状的蚕茧作原料以外，不少粗纺的平面织品可以用一种平面蚕茧来纺丝织绸。这种平面茧是当蚕到老熟，即将吐丝缠茧时，不给蚕爬上吐丝的簇具（蚕宝宝吐丝结茧的工具）去结茧，而是把众多的蚕宝宝放在表面平整的芦帘、竹帘上，让它们在上面一边爬一边吐丝，根据需要的大小和厚薄规格生产出平面茧。这种平面茧，厚的可做丝棉衣被、地毯，薄的可以做艺术装饰墙纸、书画纸等。这种书画纸用来书写作画，比宣纸的渗水性好，画出的图立体感强。

平面茧的生产，设备简单，取材容易，成本低，拓宽了蚕丝的用途，是蚕丝生产上的一大革新。科研人员正在精益求精，使这种新颖的工艺更加完美。

蚕屎的新用途

蚕沙，就是蚕宝宝的粪便，俗称蚕屎，可以说貌不美、名不雅，是一种绿色豆状颗粒，过去大部分被废弃，或当作农家肥料。

科研人员发现，蚕沙的营养成分很丰富，因为蚕是以含叶绿素丰富的桑叶为生的，可是蚕却不吸收这些叶绿素，只是消化叶子中的其他营养成分，叶绿素便伴着其他纤维素被排泄出来了。

蚕沙中的叶绿素被科学家提取出来后，成了叶绿素的重要来源。因为叶绿素虽然广泛存在于大自然的植物里，但从叶子中提取叶绿素，成本昂贵，提取率也很低，仅为万分之几，而从蚕沙中提取，可达到3%。

叶绿素是医药、化工、食品和化妆品等许多工业不可缺少的原料，它能杀菌，去除口臭和呼吸道异味，还能加工成贵重药品。

蚕沙中提取出叶绿素后，剩下的残渣还含有许多营养成分。据分析，每千克含粗蛋白 132.8 克，含热量 2530 大卡，还有维生素钙、磷等物质，尤其是胡萝卜素很多，可以成为维生素 A 的来源。

蚕蛹也是宝

许多小朋友都知道，蚕宝宝从小到大，要蜕皮（俗称“眠”）4 次方能吐丝结茧。蚕在茧里变成蛹后又变成蛾子。蛾子雌雄交配后，雌蛾产卵。蚕从卵到蛾那短暂的一生，前后只有一个多月。

蚕在茧内变成的蛹，在蚕乡历来被蚕农当作补品来吃，炒、炸都很香；产妇们则将其作为产后月子里的最佳补品。不过蚕茧上市的时间很集中，大量的蚕蛹一时吃不完，往往不得已废弃作为农家肥料。

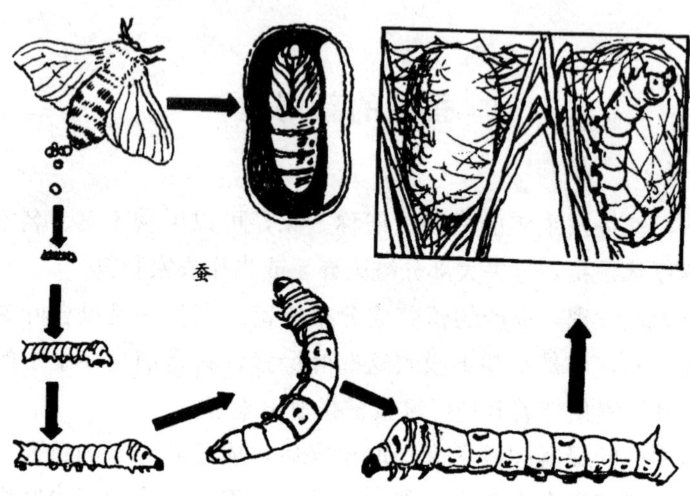
蚕

近几年，科学家发现蚕蛹中含有大量丰富的高级蛋白质。我们知道，蛋白质是由氨基酸组成的，蚕蛹所含的成分中就有18种氨基酸，其中人体所必需的有8种。此外还含有一种叫丝氨酸的，可以单独用来生产天然丝素原料，经特殊加工后，能成为天然优质化妆品，具有使皮肤细腻、洁白、柔嫩和防皱的功效，而且还可以医治皮肤开裂、瘙痒、皮炎等症，如今已成了我国优良的出口产品。

利用蚕蛹的蛹壳，是不久前取得的一项新的科研成果。科学家对蛹壳进行了分析，发现它是由几丁质和几丁糖组成的，经提取加工出来后，能够做成人造皮肤薄膜，移植在烧伤后的人体皮肤上，透气性能不亚于人的天然皮肤。另外几丁质的强度极高，可纺出一种供外科医生开刀后的手术缝合线，代替以前用羊肠制成的手术线。当病人伤口愈合后，这种手术线不用拆除，即可被体内吸收。这种用蛹壳做原料的手术线既可以大批生产，又是价值低廉的一种蚕业副产品，因而受到国内外科学家的重视。

识蝶、扑蝶——制作标本

春光明媚，万物重生，春游去野林扑蝶，经常遇到的是把蝶当蛾，把蛾子当蝴蝶，视觉常在迷惑中举棋不定。蝶与蛾都属昆虫鳞翅目，是昆虫纲中第二个大目，目下分为蝶与蛾两大科。

怎样识蝶？

蝴蝶与蛾子有相同之处，在成虫期都有一对触角，一对翅膀，在翅膀上都有闪闪发光、粉末状的鳞粉。

不同之处是，蝴蝶的触角像鼓锣的棒锤，也有的似棍棒状；蛾的触角多数像羽毛状或丝状，蝶的翅膀表面色彩美丽，翅面阔大，身体（腹部）瘦长；蛾类的翅面没有蝴蝶那么艳丽多彩，翅膀大多较小，腹部较粗短。蝴蝶停留下来时，一对翅膀便竖立在背上，而飞蛾的翅膀是向身体两旁展开推平的。蝴蝶活动时间在白天，翩翩起舞于花草丛间，而蛾类常在夜间活动，时常向有光线的灯光扑去。根据上面所举的特征，把蝴蝶和蛾子区别开来后，就能扑到真正的蝴蝶了。

怎样扑蝶？

要有窍门，才能捕到完整而珍贵的蝴蝶。在花丛中采捕蝴蝶时要看它活动的姿态而定，停在花朵上的蝴蝶要用捕虫网横扫，角度不要过低，齐着花的顶部扫最好，切忌从上压下去，造成损花蝶飞。在空中飞舞的蝴蝶遇疾风的要逆风兜捕。在平地上或草丛间的蝴蝶，要右手握网，左手提着网底，柄由上而下，垂直向下罩去，在树干上的要逆着风势兜向

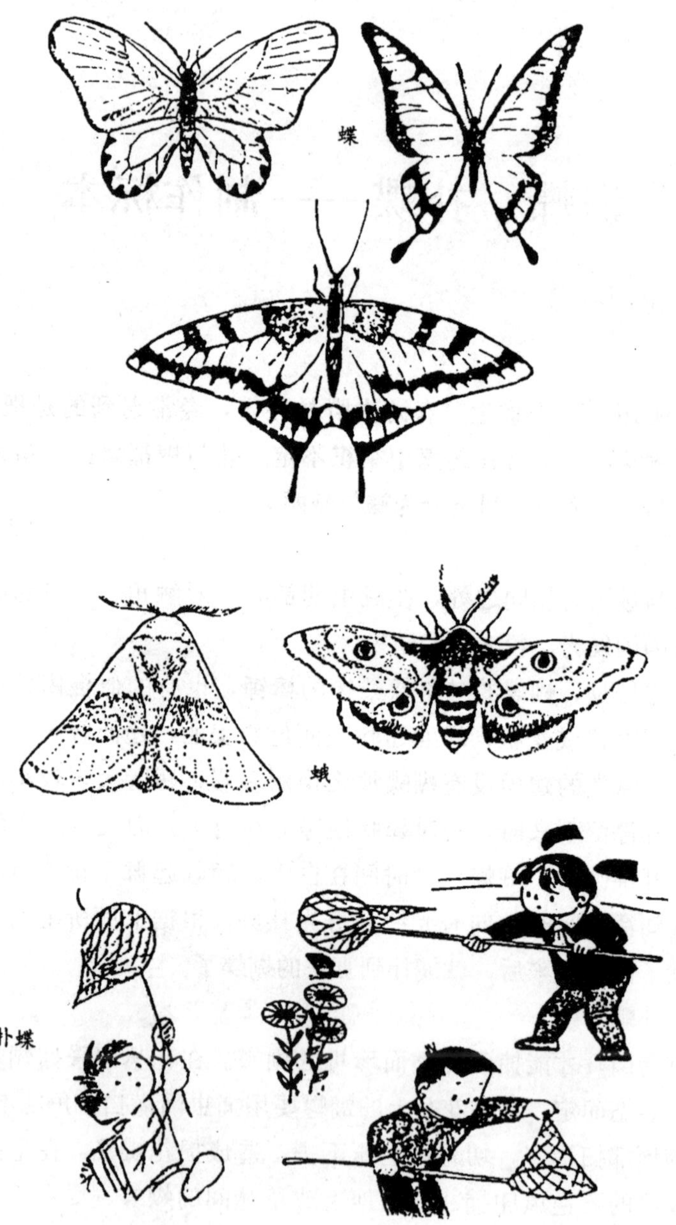
蝶
蛾
扑蝶

蝴蝶，蝴蝶受惊就飞入网内。在河边溪流旁飞翔停留的蝴蝶，可以在河滩上，挖几处小圆洞，然后放些带发酵气味的甜性食物，甚至蜜糖、烂瓜、烂果都能起到诱蝶效果。由于昆虫会释放吸引异性的信息素，因此也可以用逮住的异性蝴蝶放在小笼内作诱饵引诱异性蝴蝶，蝴蝶飞来后只要把网罩在洞上，提起袋底，便可以顺手捕获到蝴蝶。

怎样制作蝴蝶标本?

你想在课余时间里学习制作蝴蝶标本吗？这是活学活用的知识。做昆虫标本常有不尽人意，多半与工具有关。一是没使用捕虫网，二是没有用毒瓶熏杀虫子，三是缺乏学习制作标本的知识。由于没有做好这三方面的工作，所以常把虫子损坏了。

野外采集蝴蝶，首先要有捕虫网，这是必不可少的捕虫工具。其尺寸大致是柄长1.5米，网口直径30～50厘米，网长约60厘米。自己做的网，材料不要强求一律，只要轻巧耐用即可。袋布忌用深色，白色或绿色最适宜。捕虫网由简单到精细，经过实践使用后再改进。初学者可先做一个简单的，成为昆虫爱好者后，再精益求精。

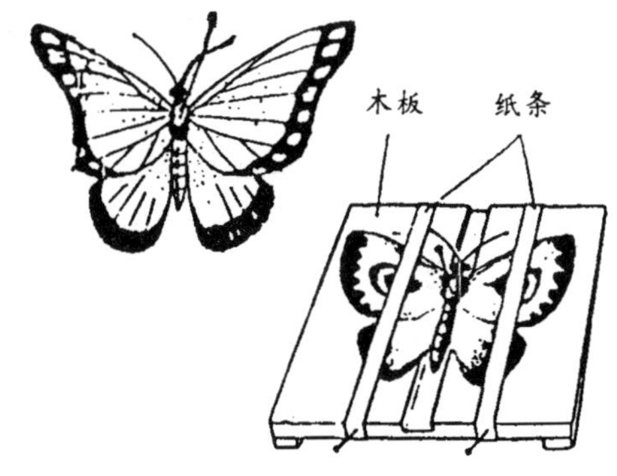

蝴蝶采到后，得将它置于毒瓶内杀死，要保证形态逼真，自己事先可选好一个洗净烘干的广口瓶，瓶底上平铺0.5至1厘米厚的细木屑，上面再铺一张滤纸(卫生纸也可，以防止昆虫死前挣扎时与木屑混在一起)，毒剂可选用氯仿、氨水或乙醚（任选一种即可）倒在木屑之中，这些药剂挥发较快，因此还可以用药棉蘸少许放在毒瓶中，以保证效果，

最好随捉随蘸随用。

蝴蝶毒杀一两天后就可以制作标本了。用昆虫针直刺虫体中央（与虫体须成直角），然后用一块质地较软的木板做标本的展翅板。展翅时将左右两翼展开，左右前翅后缘成一直线为基准，然后用纸条复在翅上（纸条可用昆虫针固定在展翅板上），再把头、足及触角整理一下，使其保持天然的姿态。然后放于不沾尘埃的器皿中让其干燥，等完全干燥后，再将纸条拆去，即可放入标本盒或其他器皿之中。一件讨人喜欢的蝴蝶标本就制成了。

饲养昆虫学问大

人工饲养昆虫，像名贵的冬虫夏草等，在古代就已经为人们所注视。时至今日，随着科学技术的发展，被驯化利用的昆虫愈来愈多，其中包括食用昆虫、农用昆虫、药用昆虫等；也有是为了研究消灭那些危害人类和大自然的昆虫，要在实验室里人工饲养。

从天然饲料到人工饲料

人工饲养昆虫，首先要解决一个饲料问题。

每种昆虫都有自己特定的“食谱”，除了蝗虫、玉米螟、地老虎等属多食性昆虫，碰上什么就吃什么之外，大多数昆虫对食物都有选择性，有的甚至只吃一种植物，即使饿死也不改换口味。例如三化螟只蛀食水稻茎，麦叶蜂只吃小麦，它们被称作单食性昆虫。有些昆虫则选食一科或多缘科的植物，例如二化螟能够吃许多种禾本科庄稼，菜青虫专吃十字花科植物，它们被称为寡食性昆虫。为了研究如何消灭这些害虫，必须在实验室中人工饲养，观察它们的生理生态规律。但是这些害虫的天然饲料在室内外均不能四季如常地培植，必须研究制造适合各种昆虫口味的人工饲料。然而人工饲料配方复杂，是我们难以想象的，因为不但要探究各种饲料的营养机理，还要研究昆虫生理学。比如：饲养蟑螂的人工饲料中，如果缺乏不

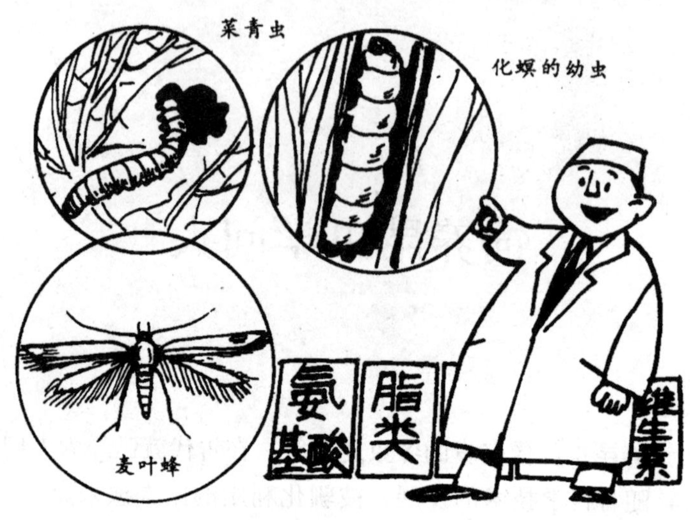

饱和脂肪酸，就会引起蟑螂“流产”；棉铃虫和茶尺蠖的人工饲料中如果维生素和叶因子（从植物叶子中提取的有用物质）不足，幼虫就不能完成发育……所以饲养昆虫的人工合成饲料中，不仅要有氨基酸、脂类、糖类、无机盐、纤维素、固醇、维生素及叶因子等必不可少的成分，还要比例恰当，适合各种昆虫的口味。人工合成饲料的配制，已成为动物饲养营养方面的一个重要领域。据国外报道，现在采用人工饲养的昆虫将近800种，已经研究出的人工饲料配方超过1000种。

园林饲养萤火虫

每到夏晚，日本东京的公园成了人们消暑乘凉、陶冶身心的理想地方。在丛林园圃里，萤火甲虫闪烁着淡黄色、淡绿色、桔红色的彩光，从远处眺望，犹如繁星点点，还像圣诞礼树上的微型彩灯，时隐时现，为游客增添了美妙的情趣。原来，这些闪闪发光的萤火虫是园艺工作者人工饲养的。为了利用这种生物光供游人取乐，东京每年至少要投入

15000美元来养殖萤火虫。饲养萤火虫除了像饲养其他甲虫所需的酪蛋白、淀粉、维生素等成分外，还要考虑到萤火虫的特殊需要。萤火虫体内的发光细胞有一种萤火素酶，它们离不开一种叫三磷酸腺营（简称ATP）的能量化合物，发光细胞每次发光后，都需要依靠ATP的营养补充，在它的作用下，发光细胞里的萤火素酶才得以再生。日本科学家在萤火虫的饲料里掺和了ATP的类似化合物，使饲料的配制日益完善，保证了萤火虫的大量饲养。

饲养草蛉的学问

蚜虫是世界性的大害虫，它的天敌——草蛉，被誉为捕食蚜虫之王。从实验室里饲养的草蛉来看，每只草蛉每天能消灭184只蚜虫、13～14粒红铃虫卵、55～70只红蜘蛛。草蛉有绿草蛉、大草蛉、中华草蛉等许多品种，因此，人工饲料的配制要适合它们各自的胃口。除了必须的胆固醇、维生素、脂类、果糖以外，蛋白质的成分成为科学家研究的一大难题。因为草蛉生儿育女异常奇特，它在枝叶的背面每分泌一滴黏液，

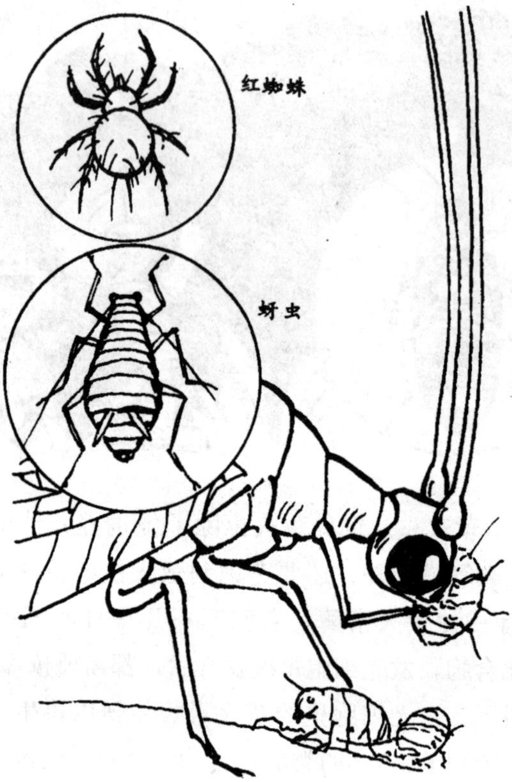

红蜘蛛

蚜虫

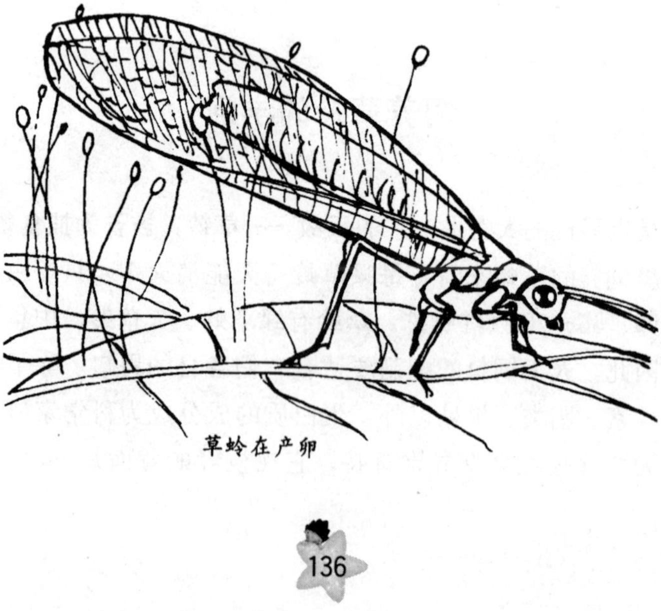

草蛉在产卵

随即拉成一条比头发还细的长丝，草蛉的卵就产在长丝的顶端，让“幼儿”在空间飘摇孵化诞生。这种长丝的构造相当复杂，是一种以丝氨酸为主的 12 种氨基酸组成的特殊蛋白质。如果人工饲料中的蛋白质缺少了丝氨酸为主的氨基酸，将会使草蛉的长丝细软而倒伏；可是如果丝氨酸过多，长丝变得粗而僵硬，失去弹性，影响卵的孵化。因为以丝氨酸为主的蛋白质，肩负着连接的重任。

蝇蛆的妙用

利用蝇蛆做蛋白饲料，是近年来昆虫营养学的一大成就。据分析，蝇蛆的干粉含有 61.2%粗蛋白和 23%粗脂肪，还含有动物生长所需的多种氨基酸。用蝇蛆粉喂鸡，增重率可提高 70%～139%，还能提高产蛋率。我们知道，蝇有惊人的繁殖能力，家蝇一个世代为 15 天左右，一只雌蝇一生产卵5～6次，每次100～200粒。在1千克猪粪内，可繁殖蝇蛆 18000 条，在 20 平方米的猪粪堆中，可繁殖近百万条。所以繁殖蝇蛆的途径十分宽广。现在美国、德国和朝鲜等许多国家已大规模饲养蝇蛆，还采用机械化无菌操作新技术，繁殖的均是无病菌的蝇蛆。我国许多地

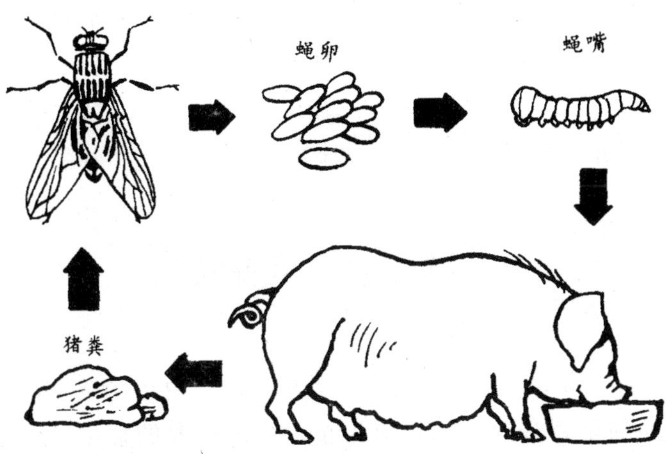

区也试验成功了人工养殖蝇蛆的新技术，设计出一条新的食物链：猪（禽）粪——蝇蛆——猪（禽）。据试验，用30只笼子饲养30万只家蝇，每天可得蝇蛆15～25千克，只需花少量的“糖类与蛆浆”饲料。如果在鸡饲料中配上1～1.5千克鲜蛆，就能够增产鲜蛋；用鲜蝇蛆喂猪，可提高瘦肉率9%～15%。

人工寄生卵的诞生

赤眼蜂是防治害虫的著名益虫，种类有40多种，它可以寄生在玉米螟、稻纵卷叶螟、松毛虫、棉铃虫、粟灰螟、甘蔗螟、梨小食心虫等200多种害虫卵内，把这些害虫杀死在摇篮中。大量培殖赤眼蜂，通常是用一种蓖麻蚕的卵供赤眼蜂幼虫寄生繁殖的，但蓖麻蚕茧是一种绢纺原料，如果要供养亿万头赤眼蜂，就必须耗费大量蓖麻蚕卵，代价太大。近年来，生物学家研制人工蜡膜做成的卵，可以代替蓖麻蚕卵。同时又用昆虫血淋巴以及氨基酸溶液在体外培养赤眼蜂，取得了成功。我国科研人员在培养赤眼蜂人工饲料配方时，还研究出用鸡蛋黄、牛奶、鸡胚液、氨基酸、盐类溶液等配制成各种培养液，又研究出代替天然卵壳的各种人工薄膜，让赤眼蜂透过薄膜，把卵产到人工培养液里。试验结果，一只赤眼蜂可产卵200粒左右，这些卵的化蛹率达40%左右，并有羽化、交配、繁殖后代的能力。这就为人工饲养寄生蜂，大量繁殖寄生蜂，开展生物防治开拓了新路。

21世纪人类的食品资源

昆虫含有丰富的营养，生物学家预测，形形色色的昆虫，将成为未来人类食品的重要资源。到目前为止，我国饲养的食用昆虫已有20多种；世界各国已将 8 类 63 属 373 种昆虫纳入人类食谱，成了美味佳肴。墨西哥人喜欢食用蚂蚁、蝉、蚱蜢、粪堆虫等57种昆虫，居世界各国之首，他们已经开展大规模的人工饲养。

化学分析表明，大多数昆虫的蛋白质含量都超过其干重（昆虫脱水后所剩下的干躯体）的40%。如棉花叶蛾的蛋白质超过48%，蝇幼虫为53%，飞蝗为65%。这些蛋白质都含有丰富的氨基酸。此外，昆虫体内含10%～20%的脂肪，还有钙、镁、磷等各种矿物元素。从营养价值来看，人工饲养昆虫，作为一种理想的食物资源，是很有前途的。未来，随着食用昆虫的饲养和加工技术的进一步发展，加强对食用昆虫新产品的宣传推广，改变人们固有的疑惧心理，风味独特的昆虫食品必将受到世界各国人们的喜爱。

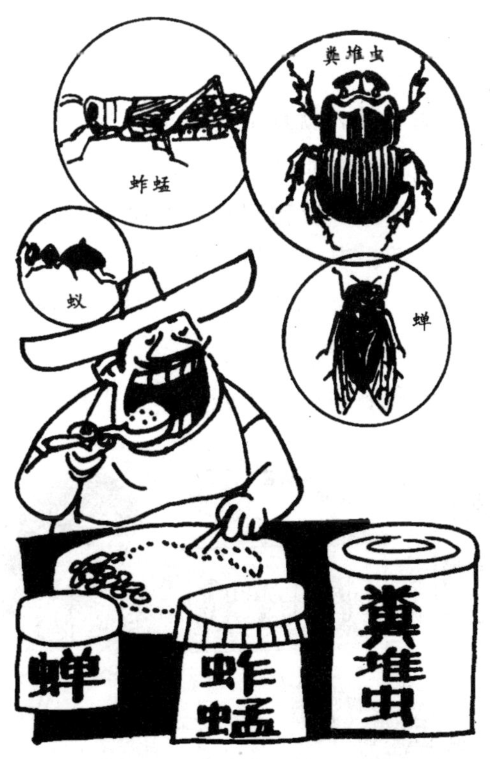

饲养蟋蟀长知识

自古至今，玩养蟋蟀由来已久，远在我国的唐代，就玩耍这种昆虫，当时的大街小巷就有买卖蟋蟀的生意了。据史书记载，相传饲养蟋蟀还是从北京开始的呢！

饲料配制。

小型的家养可因陋就简，就地取材饲养蟋蟀。蟋蟀是昆虫，虽品种多样，食性多异，但一般品种都以素食为主，荤食为辅。

饲料可以随手可得的动、植物碎料为基础，但要注意新鲜，果蔬方面以苹果片、菜皮、黄瓜、南瓜、茄子等切成小丁块，加上黄豆粉或其他杂粮。动物方面以鱼、肝粉、碎肉为主，这样的饲料少许即可。

饲养用品。

①水罐一个。可用剩下的空罐头壳，不要生锈的，以免不清洁。也

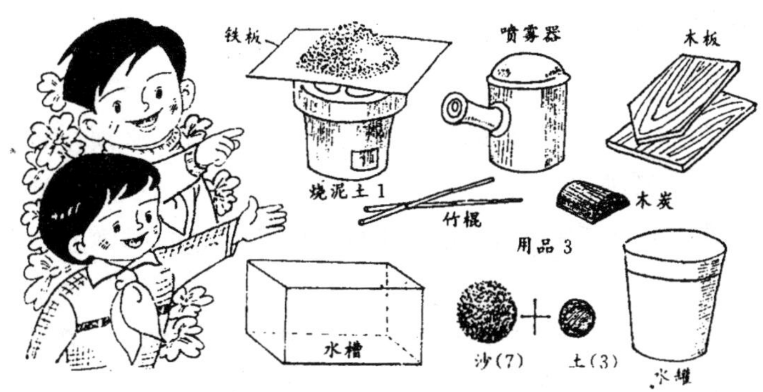

可用搪瓷杯、陶罐。

②水槽一只，玻璃的、木制的都可以。

③沙 7 份，要在浇水中淘洗去杂物；泥 3 份，尽量用表土以下的，杂质较少。

④木炭 1～3 块。

⑤竹棍两根，搅拌饲料用。

⑥薄木板数块，大小随养虫箱而定。

⑦喷雾器 1 只。

⑧养虫箱。在泥沙中竖立木板，插入土中的木板基部尽量要清洁，以免发霉腐烂影响蟋蟀的健康。木板的使用，目的是让蟋蟀停留在上面栖息，可以使蟋蟀有较多的活动场地和空间，可以避免互相残杀。养虫箱一定要选择好，以玻璃箱（外面蒙上黑纸或黑布）、木板箱、塑料箱为宜，但一定要清洁，不能用盛过有毒或有异味的东西当养虫箱。

⑨产卵罐。最好用泥瓦罐，目的是能保湿、保温避光。让雌虫单独生活后产卵，以及让卵能孵化成幼虫。

以上两项的沙和泥土，必须连续在太阳下直晒2～3天，然后放在铁板上慢慢地用文火充分烧30分钟，烧好后，以7份沙、3份泥土的比例混合，这是为了杀死泥土中的细菌和螨类，达到消毒目的，使蟋蟀有个安全清洁的环境。然后用喷雾器喷湿，但使用时水要清洁。

饲养方法。

一般在1～2天换1次新饲料，用喷雾器喷水时，必须注意土壤的干湿状态，以3天喷洒1次为宜。天气干燥，气候炎热水蒸发量大，可多喷些，天气阴湿，少喷些水，喷水时不可喷到蟋蟀的身体上，可以先把蟋蟀赶到一个角落再喷。

每天清除粪便，把脏物清理掉，尽量不要触碰蟋蟀，以免伤害蟋蟀。

如果能捕捉或购置到一对蟋蟀，便可交配产卵。雌雄蟋蟀共居生活后，一般会进行交配的，约经3周，雌虫腹部膨胀起来，此时将雌虫取出，放入产卵罐内，产卵罐中的木炭，先在水里浸泡1天，然后将木炭竖直插埋在土内约1/3，它能防止壁蛆进入吃掉蟋蟀的卵。产卵期间，雌虫会将产卵管插入混土中自行产卵。

产卵后将雌虫取出，容器上盖纱布，温度保持在25℃～28℃。早上放在向阳处，晚上放在室内，用喷雾器均匀地喷水1次。约30天后，虫孵化出来了，到时将树皮洗净，趁有湿度时将凹面覆盖在泥沙上，使虫子有藏身之所。此时要用动物性的食物，如肝、鱼骨粉和黄豆粉掺和后，放在小容器内喂养，这对幼虫的健壮成长有好处。大约8～9天，经过蜕皮后幼虫长大了，由于要有活动场地，逐渐可移置在养虫箱内，同时配制动、植物饲料一起喂养。

边玩、边学、养螳螂

人们在自然界中经常见到螳螂，亲自采集与饲养螳螂却是个新奇的活动。

采集螳螂卵鞘

在三四月份的时候，你可以相约几位同学先从书本上细看一遍螳螂的卵鞘形状，然后带一个果酱瓶，一块到附近的绿化地区或郊区杂树林，去作采集螳螂卵鞘。

雌螳螂一般把卵产在树枝的叉间、枯叶和树皮上，或灌木丛、篱笆上、地面石块下以及裂缝中。这些地方虽然不显眼，只要你仔细观察，多查看几棵树，便会知道螳螂卵鞘的表面有皱纹，形如一块坚硬的灰褐色疙瘩，卵就在这牢固的“温室”里越冬。

饲养与观察

饲养用具。

① 大口果酱瓶或木箱、板箱，约书本大小，上面盖有较厚实的纱布。

② 树枝条若干。

③ 毛笔、刷子和镊子，作移动螳螂和清洁饲养器皿用。

④ 形如五分硬币大的小海绵或棉花球若干，供饲养器内保湿用。

⑤ 种菊花一盆，供繁殖蚜虫用。菊花易种，出苗后自然会有蚜虫在上面繁殖，切不可施药。

观察。

观察卵的孵化，将野外采集到的孵鞘，盛入大口果酱瓶内，每瓶放1～2块，其中放些小树枝条，浸透水的小块海绵或棉花球，以保持温度，然后把器皿安放在干燥、没有虫害、老鼠不出没的地方。

待到春雨绵绵，时值梅雨芒种季节，这些小生命开始孵化，卵鞘里爬出的小幼虫初看呈乳白淡绿色，翅膀没有成型，此时得用毛笔把它们轻轻地分别刷在饲养瓶或箱里的小树枝上，每瓶20～30只，让它们任意栖息，这时你可以投以蚜虫为饲料，同时能观察到小螳螂互相残杀强食弱的场面。待到剩下五六只（已经过蜕皮，能见小小翅膀），要及时增加养容器，把它们分居饲养，不然会角斗到死所剩无几。

饲料与饲养。

螳螂是肉食性昆虫，吃晕不吃素，要养好也不难。在家里小纸盒内种几棵菊苗，菊花从几片叶子长到枝壮叶茂时，便有蚜虫繁殖，螳螂要吃活货，这时，繁殖的蚜虫便成了小螳螂的美味佳肴。成年的螳螂要吃大的活虫，那时可到野外树上、菜田里，把捉到的昆虫，如苍蝇、蚊子、蚱蜢、蛾子和它的幼虫等用来饲喂螳螂。

螳螂甚至能吃比它体型大的活货，如果逮住了蝉，螳螂会边吃边拉屎，可见消化之快了。螳螂也有天敌，尤其怕麻雀，如果你安放不当，便会引来麻雀叼食。在野外就有“螳螂捕蝉，麻雀在后”的俗称，这说明了生物界存在着一物克一物的生存斗争。

螳螂一生中要蜕皮数次，每当蜕一次皮便长大一岁，蜕皮期间有时会把身体倒挂在枝上，很少吃饲料，此时切莫去搬动，不然蜕皮不成会僵皮。此外也不可将数只螳螂放养在一起，否则会自相残杀。

观察螳螂捕食与交配。

螳螂到了成年，便要“结婚”了，这时，你得把雌大雄小的螳螂一对放在一块，让它们交配产卵，传种接代。当交配完毕，应随即把雌雄分开，否则雌的居心不良，会乘机谋害自己“亲夫”的。

交配后的雌螳螂就要当“产妇”了，你把新鲜的树枝插入箱内，雌螳螂产卵真稀奇，在饲养箱里的树枝上，只见它用腹部攀着粗糙的树皮，从尾尖不断分泌出大量黏液，随后使劲用尾尖把黏液搅拌成泡沫状，里面就形成了藏有卵粒的一间间小卧室了。不久，泡沫便形成了一块坚硬的疙瘩，待从乳白色变成深褐色时，就可以把卵鞘搜集起来保藏好，到来年又可代代相传了。

饲养“叫哥哥”的乐趣

夏令应市的一种鸣虫，它身披碧绿彩衣，胸阔体圆，两根长长的触须，形如一只大蝗虫，南方称“叫哥哥”，北方称“蝈蝈儿”。这种昆虫分布很广，北至山东，南到海南。

每当夏天在大街小巷，小贩肩挑设摊，沿街叫卖，“叫哥哥”的鸣声自古以来被人们称为吉利之虫，买上一只，吊挂屋间，可给孩儿逗乐，又让少年儿童从饲养中得到生物知识的启示。饲养小虫有不少学问，如认真掌握生长规律，“叫哥哥”将陪伴你共度暑期好时光。

“叫哥哥”品类有好几种，端午后出现的叫“花叫”，鸣声低。立秋后出现的叫“旱叫”，体健可越冬。野生捕获的叫“绿哥”，体呈绿色。人工孵育的“叫哥哥”，体色翠绿色有光泽，叫“翠哥”。深紫带有铁色的叫“铁哥”。绿而带白的叫“糙白”。其中以“铁哥”和“翠哥”较为珍稀。根据眼睛的颜色又有绿眼、黑眼和红眼之分，红眼翠哥最珍奇，黑眼铁哥也受人喜爱。

选买“叫哥哥”要健壮、不残、胸宽、腹大、须长、红眼，鸣声宏亮，翠绿色纯，符合以上标准的，称上乘之品。买回家的“叫哥哥”，一般装在竹编小笼里，夏季气候酷热，光照强，“叫哥哥”喜阴怕光嫌闷热，虫笼要悬挂在通风凉爽处，切勿直射在日光下。大伏天，每天应给它洗浴1次，用喷壶浇淋全身。

各种鸣叫昆虫有“热鸣”和“冷鸣”之分，它们会随季节和温度的变化而改变其鸣叫的长短、高低。“叫哥哥”一般适宜在30℃左右时鸣叫，属“热鸣”。昆虫有多种声感信息，譬如房间东面一只“叫哥哥”鸣声刚起，隔壁邻居的一只也会随即应和，于是共同唱起了一首鸣声悠扬的协奏曲，你不妨用录音机将鸣声录下，然后放送，可诱发“叫哥哥”不断鸣叫，比赛歌喉。

饲养“叫哥哥”的饲料以毛豆最佳，饲料要求新鲜，在平时可掺以饭粒或灯笼青椒或西瓜皮。毛豆每天2～3粒够了，不宜过量，不然天天饱餐，“叫哥哥”反而贪懒不大叫了。

“叫哥哥”在“白露”过后，由于气温转凉，体温挥发少，不必给予饮水和浇淋洗浴。入秋后由于虫体进入老龄，新陈代谢减慢，体衰以致咀嚼能力减弱，贮于冰箱内的毛豆或黄豆用温水浸软，每天饲喂1～2粒即可，同时应饲喂一小段青菜（卷心菜，黄芽菜也可）。米饭1～2粒，并将“叫哥哥”从笼中取出，置放在毛竹筒或葫芦内，有利于保湿。白天和夜晚，将饲养盛器移放室内温暖处，防止受冻，这时的“叫哥哥”可采取“开放”政策，打开饲养器具，随它攀爬活动，但不宜放在通风寒冷处玩耍。此时的“叫哥哥”，着实令人爱不释手，情意绵绵，偶而有叫声，听来犹如深沉的男低音，别有一番情趣。

昆虫音乐家中的“铃声”
——选择和饲养金铃子

夏秋时节，当你漫步在郊外或光顾鱼虫市场，常常可以听到许多昆虫音乐家的“歌声”。在所有的鸣虫中，我最爱金铃子了，它玲珑可爱，娴雅美丽，鸣声清悦优美。

我年年买回几只金铃子，养在自己做的盒器里，白天放在书桌上，晚上安置枕头边，天冷时又随身带在衣袋里，“铃铃——”这鸣声，既给我带来悠扬动听的音乐，还为我增添了无穷的情趣。在选择和饲养金铃子的日子里，我和它结下了不解之缘。

如何选择金铃子

如何选择理想的金铃子呢？金铃子属昆虫直翅目，别名唧蛉子，形如蟋蟀，体长约8毫米。上好的金铃子，一般都是在立秋前蜕化的幼龄，寿命较长，饲养得当，还可共度春节。立秋后养蛉目的，主要听它的鸣声，观赏为其次，所以选购时，黄白兼肉色为上品，黄绿色次之。一对复眼绝大多数为黄绿色称翠眼。触角要细长，并不时转动着，尾部尾毛一对，微微上翘，显得很威武，前肢要长，后肢强健，善于跳跃。一对翅膀整齐美丽，雌虫翅短，体肥稍大，尾端多一根产卵管。

做只扫网和虫盆

秋日暑期，也是学习采集金铃子的良好时机，你不仿先做一只扫网，专门用来在草丛中扫捕的采集网，网袋一般用白布或亚麻布制作，网圈用粗铅丝，网柄要短（约55厘米）而粗，网底开口，用时将绳扎住，扫捕以后再打开网底，以便倒出网底采集物。

网做好后，到郊外有大片草丛和茂密的小灌木的地方，只要你驻足细听，都有轻声柔气的“铃——”声在伴叫，此时就用扫网慢慢在上面左右摆动扫捕，一面扫，一面前进，将许多小虫集中到网底，然后打开网底的绳，倒在白纸上，不能用手指，要用毛笔轻轻地挑选，但动作要快，不让其逃掉，把金铃子挑到准备好的玻璃器皿中盖好。

饲养器具可用竹筒、有机玻璃虫盒。市场上虫盒贵，可以自己练习做，以培养动手能力。虫盒做好后，金铃子算有了安居乐鸣的“家”了。

如何饲养金铃子

要每天换食，清洁“住房”，隔几天把它放在盛有温水的玻璃杯里去“洗澡”，时间不能太长，以免淹死。尽量不要用手指和硬物去碰虫体，否则容易断须折肢。用毛笔从水里捞起，放在吸水纸上，待虫体水迹干了，再送入虫盒内。食物要素食，米粒、南瓜、梨、苹果等均可，每次投喂如爆米花粒大小即可。切勿给甜粘的食物，因为金铃子常用前足去擦洗，极易将须、腿粘住，造成折腿断须。

有些鸣虫局限在白天叫或到夜晚才叫。唯独金铃子昼夜都鸣叫。处暑到立秋之间更健鸣，金铃子为什么善于“歌唱”？声音又那么动听而富有节奏感呢？

科学家在显微境下发现它的翅膀上有音锉和刮器，音锉上有很多音齿，大小高低又有差别，相互摩擦，又如钢琴的琴键发出不同的音调。它的翅膀是很坚韧的，是由一种坚硬的角质蛋白构成的，它的鸣声又如“语言”会发出多种信号，有时叫同伴赶快躲藏起来，有时发现了敌情，唱出高歌猛进，激励战斗的“歌声”，有时雄性金铃子的“歌声”却是婉转抒情的“情歌”，在召唤雌金铃子前去“赴约”。